赵 龙 主编

山东大学食堂作业指导书

主食篇

U0238777

山东大学出版社
SHANDONG UNIVERSITY PRESS
·济南·

图书在版编目（CIP）数据

山东大学食堂作业指导书．主食篇 / 赵龙主编 .--
济南 : 山东大学出版社 , 2023.12
ISBN 978-7-5607-8062-7

Ⅰ.①山… Ⅱ.①赵… Ⅲ.①主食–食谱 Ⅳ.
① TS972.12

中国国家版本馆 CIP 数据核字 (2024) 第 000196 号

责任编辑　李昭辉
封面设计　蓝海文化

山东大学食堂作业指导书·主食篇
SHANDONGDAXUE　SHITANG　ZUOYE　ZHIDAOSHU·ZHUSHIPIAN
出版发行　山东大学出版社
社　　址　山东省济南市山大南路 20 号
邮　　编　250100
电　　话　（0531）88363008
经　　销　新华书店
印　　刷　山东蓝海文化科技有限公司
规　　格　787 毫米 ×1092 毫米　1/16
　　　　　17.25 印张　　315 千字
版　　次　2024 年 3 月第 1 版
印　　次　2024 年 3 月第 1 次印刷
定　　价　98.00 元

《山东大学食堂作业指导书·主食篇》
编委会

主　　编：赵　龙

副主编：周长征　路长福　郝在安　王　宁

委　　员：（按姓氏笔画排序）

王　卓	王长军	王洪振	亓　军	毛　震
孔庆旺	孔晓夏	石忠义	任文宁	刘　岩
刘士强	刘圣宝	刘庭友	许　军	李秀桐
来　京	张　帅	张　杰	张其学	张正庆
张兆民	张建镇	张胜林	杨晓宁	肖　勇
陈希伟	陈希栋	孟淑云	武恩波	林仕亮
周　同	周万众	赵庆胜	郭忠民	陶友民
黄丕斌	龚　峰	隋赵君	程宝钢	路晓雨
翟洪奎	潘福振	魏承玉		

技术指导：赵甲林　常　宝　赵盼盼　周　霞

摄　　影：郭　坦　唐愈新　孟洋洲　侯　睿　杨　娜

总　序

　　质量是山东大学饮食管理服务中心（下文简称"饮食管理服务中心"）生存与发展的生命线。"发展以质为本"不仅是饮食管理服务中心的核心价值观之一，而且是饮食管理服务中心健康发展的基石。为此，饮食管理服务中心在求质上动真劲、出实招、见实效，提出了"树立质量意识，提升品质服务"的质量方针，运用"ISO9001质量管理"和"ISO22000食品安全管理"双体系，加强对食品质量的控制，不断提高员工的质量意识，营造浓厚的质量文化氛围。

　　为了对饮食管理服务中心前辈的经验与探索成果进行总结，更是为了给饮食管理服务中心后人传承与创新提供依据，饮食管理服务中心组织人员在全面梳理、收集7个校区、11个食堂、25个层面主食/副食餐饮产品的基础上，经过大家的不懈努力，整理、筛选出精品主食170种、精品副食220种，并进行了营养分析，汇集成册，作为饮食管理服务中心员工制作餐饮产品的依据。

　　《山东大学食堂作业指导书》从质量的五个要素"人、料、机、法、环"入手，从员工素质和岗位要求的角度，通过对素质要求、原料与馅料、设备与工具、制作技术、案例分析等相关知识的解读，让员工了解、掌握相关要领，以适应岗位要求，这对实施全员、全过程、全方位的食品质量控制具有指导作用。

　　《山东大学食堂作业指导书》从ISO9001质量管理体系的五个关键环节"作业有程序，安全有措施，质量有标准，过程有记录，考核有依据"出发，认真贯彻落实山东大学党委"精耕细作"的理念，按照学校后勤保障部党委"精心、精细、精准、精致"的服务要求，以"学校发展的要求和师生生活需求就是我们的追求"为工作目标，量化、细化、优化和标准化每一项作业内容，旨在让员工熟知所处岗位的操作步骤和操作技能，指导员工有章可循、规范操作，制作出"色、型、味"符合广大师生医务员工视觉和味觉要求、符合食品安全要求、符合营养与健康要求的高品质餐饮食品，让广大师生医务员工吃出愉悦、吃出健康。

徐　健

2023 年 10 月

序

  为进一步落实山东大学"营养与健康食堂"建设，稳定餐饮产品质量，促进和改善校区之间发展不平衡的问题，提升餐饮服务保障水平，推动学校伙食工作健康发展，满足广大师生医务员工日益增长的对美好饮食生活的需求，2020 年 9 月 23 日，饮食管理服务中心党总支办公会研究决定成立主副食餐饮产品集成工作组，由技术总监路长福副主任担任总负责人，要求在摸清饮食管理服务中心 7 个校区餐饮产品"家底"的基础上，汇总产品数据、规划产品体系并凝练成册。

  产品集成工作组承接任务后，制订了工作方案，成立了摸排统计组、数据汇总组、校验选优组、营养分析组、图片拍摄与汇编组 5 个工作小组。工作组将产品集成工作分为 5 个阶段：摸排统计组的各餐饮部人员对餐饮产品进行摸排统计；数据汇总组对摸排统计的产品进行分类汇总，完善产品数据；校验选优组对分类汇总的餐饮产品进行校验选优；营养分析组对选优产品进行营养分析；图片拍摄与汇编组对选优产品进行拍照采集和图文编辑。各工作小组扎实工作，各项任务按计划逐步推进。

  2020 年年底，鉴于技术总监路长福同志有新的工作任务，便将此项工作任务交给饮食管理服务中心副书记、副主任周长征同志负责。在与工作组沟通后，同意任命事业部副部长王宁为项目工作协调人，推进各工作小组的工作进度。

  经各餐饮部采集人员的积极配合和数据汇总组的不懈努力，于 2021 年年底完成了对饮食管理服务中心共 936 种主副食餐饮产品的统计工作，其中主食 385 种、副食 402 种、糕点 82 种、风味小吃 67 种，做到了"底数清、数据明"，建立了较为完整的饮食管理服务中心餐饮产品数据库。2022 年年初，中心副主任郝在安兼任中心技术总监后，组织校验选优组从"色、型、味、美"的角度，对主食类数据库中的产品进行优中选优，选出花样主食 80 种、风味小吃 30 种和糕点 30 种，并评选出 30 种具有代表性的中心特色主食餐饮产品。营养分析组对入选的每一种餐饮产品都进行了营养分析。图片拍摄与汇编组对所需的图片和入选的每一种餐饮产品都进行了拍摄采集和图文设计汇编工作。

《山东大学食堂作业指导书·主食篇》一书严格贯彻山东大学党委"精耕细作"的工作要求，从人员素质要求开始，全面介绍了主食原料及营养成分、设备性能及主食制作工具、主食制作工艺及成型技术、实例产品及营养分析，理论知识齐全，实用操作性强，是一册指导员工规范化操作、标准化生产，控制质量有依据的指导性书籍，为饮食管理服务中心餐饮产品质量的稳定和创新发展打下了坚实基础。

两年多的时间转瞬即逝，各工作小组的辛勤付出终于有了收获，产品集成图书《山东大学食堂作业指导书·主食篇》终于与大家见面了。由于编者的水平有限，书中难免存在各种各样的问题，还望广大读者批评指正。

产品集成工作组

2023 年 10 月

前　言

主食是相对于副食而言的餐饮产品。在我国人群的膳食结构中，主食食品由含碳水化合物比较多的谷类（如大米、小麦、玉米等）、杂豆类（如红豆、黑豆、绿豆、豌豆等）、薯类（如红薯、土豆、山药、芋头等）等相关产品构成（见图1）。其中，谷类食物是我国人群热量和蛋白质的主要来源，能提供人体所需的70%~80%的热量和约50%的蛋白质，还能提供维生素B和部分矿物质；杂豆类含有丰富的叶酸等维生素和钾、铁、钙、锌等矿物质；薯类富含维生素A、维生素B和膳食纤维。

随着我国饮食文化的发展和人群饮食结构的不断变化，主食的产品种类在以往米饭、馒头、花卷、饺子、面条、烙饼、烧饼、火烧、包子、烧卖、油条、窝头等的基础上不断扩大，各类风味主食（如馄饨、

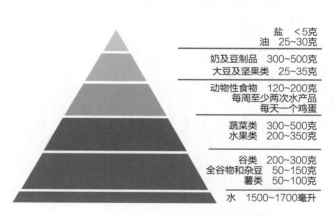

盐　<5克
油　25~30克

奶及豆制品　300~500克
大豆及坚果类　25~35克

动物性食物　120~200克
每周至少两次水产品
每天一个鸡蛋

蔬菜类　300~500克
水果类　200~350克

谷类　200~300克
全谷物和杂豆　50~150克
薯类　50~100克

水　1500~1700毫升

图 1　2022 年中国居民平衡膳食宝塔

茶泡饭、凉皮、咖喱饭等）、面点（如面包、蛋黄酥、蛋糕等）也逐渐被纳入主食的范畴。这些食物是人们日常所需的蛋白质、淀粉、油脂、矿物质、维生素等的主要来源，更是碳水化合物最重要的来源。

《中国居民膳食指南（2022）》提出，我国健康成年人每天需要

摄入 250~400 克主食类食物（其中谷类 200~300 克，全谷物和杂豆 50~150 克，薯类 50~100 克），才能保证人体获得所需的碳水化合物和蛋白质（见图 1）。国外有研究指出，如长期缺乏碳水化合物的摄入，可导致人的记忆力下降甚至失忆，对人的学习、记忆及思考能力造成伤害。

在人们的饮食需求愈发多样化的今天，作为餐饮工作者，我们应不断丰富主食餐饮产品的种类，运用 ISO9001 质量管理体系，依据相关标准，做好主食类餐饮产品。我们不仅要做好以谷类食材为原料的主食类餐饮产品，而且要做好以杂豆类和薯类食材为原料的主食类餐饮产品，做到应有尽有，进一步擦亮"舌尖上的山大"这一招牌，用心做好每一种餐饮产品，在饮食特色化、个性化、品质化方面下功夫，让来自天南地北、五湖四海的广大师生有多种选择，满足他们的需求，让他们吃出开心、吃出快乐，吃出一个健康的身体。

赵 龙

2023 年 10 月

目　录

第一章　主食概述及对员工、加工场地的基本要求

第一节　主食概述 01

第二节　对员工的基本要求 02

一、对员工素质的要求 02

二、对员工技能的要求 03

第三节　对加工场所的基本要求 06

第二章　主食原料

第一节　原料常识 07

一、稻谷与稻米 07

二、小麦与面粉 08

三、杂粮 09

四、谷类的营养特点 11

第二节　制馅原料 14

一、咸味馅原料 14

二、甜味馅原料 17

第三章　主食制作设备与工具

第一节　主食制作设备 21

一、食材准备器具 21

二、蒸、烤器具 24

三、炸、烙器具 26

四、冷藏器具 28

第二节　制作主食的工具 30

一、灶台工具 30

二、案台工具 31

第四章　主食制作技术

第一节　制馅 34

一、咸馅 34

二、甜馅 38

第二节　面团 41

一、水调面团 41

二、膨松面团 44

三、油酥面团 46

四、米粉面团 46

五、其他面团 47

第三节　成型技法 48

一、搓 48

二、卷 49

三、包 49

四、捏 52

五、抻 53

六、切 54

七、削 54

八、拨 55

九、擀 55

十、叠 56

十一、摊 56

十二、剞 56

十三、按 57

十四、滚沾 58

十五、钳花 58

第四节 成熟方法 59

一、蒸 59

二、煮 60

三、烤 60

四、烙 61

五、炸 61

六、煎 61

十五、舜园老面馒头 77

十六、舜园油酥饼 78

十七、舜园烤肉饼 79

十八、舜园大肉包 80

十九、欣园煎饼果子 81

二十、欣园茶泡饭 82

二十一、悦园炒饭 83

二十二、欣园烤鸭饭 84

二十三、软件园千层饼 85

二十四、软件园红豆饼 86

二十五、软件园黏糕 87

二十六、软件园肉丝饼 88

二十七、曦园酥皮月饼 89

二十八、曦园黄米烙 90

二十九、曦园咖喱饭 91

三十、曦园大素包 92

第五章 实例品种

第一节 特色主食 63

一、齐园鸡蛋饼 63

二、齐园小笼包 64

三、齐园三汁焖锅 65

四、齐园麻酱饼 66

五、齐园酱香饼 67

六、齐园馄饨 68

七、东园凉皮 69

八、东园虾饺 70

九、东园石锅拌饭 71

十、东园意面 72

十一、杏园肉夹馍 73

十二、杏园芝麻烤排 74

十三、杏园大油条 75

十四、杏园米粉 76

第二节 主食花样食品 93

一、馒头 93

二、黑香米馒头 94

三、玉米面馒头 95

四、地瓜馒头 96

五、三合面馒头 97

六、南瓜馒头 98

七、鲜肉水饺 99

八、白菜猪肉水饺 100

九、胡萝卜羊肉水饺 101

十、花素水饺 102

十一、鱼肉水饺 103

十二、香菜鸡冠饺 104

十三、四喜蒸饺 105

十四、双色卷 106

十五、葱油卷 107

十六、广式腊肠卷 108

十七、葱香糯米卷 109

十八、麻酱花卷 110

十九、豆腐卷 111

二十、椒盐花卷 112

二十一、红枣卷 113

二十二、咖喱花卷 114

二十三、莲花卷 115

二十四、西瓜卷 116

二十五、结子卷 117

二十六、葡萄干卷 118

二十七、凤尾卷 119

二十八、牛蹄卷 120

二十九、猪蹄卷 121

三十、带子卷 122

三十一、荷包卷 123

三十二、石榴卷 124

三十三、元宝卷 125

三十四、桃形卷 126

三十五、玫瑰卷 127

三十六、荷叶卷 128

三十七、家常饼 129

三十八、萝卜丝酥饼 130

三十九、紫薯饼 131

四十、油酥烧饼 132

四十一、玉米酥饼 133

四十二、油酥大饼 134

四十三、葱油黄桥烧饼 135

四十四、手抓饼 136

四十五、芝麻糖饼 137

四十六、油旋 138

四十七、呱嗒 139

四十八、喜饼 140

四十九、胡萝卜酥饼 141

五十、南瓜饼 142

五十一、蔬菜饼 143

五十二、鱼香肉丝饼 144

五十三、梅干菜扣肉酥饼 145

五十四、胡椒饼 146

五十五、红薯饼 147

五十六、贝壳包子（肉馅和素馅）.... 148

五十七、家乡豆腐包 149

五十八、豆沙包 150

五十九、鲜肉糯米烧卖 151

六十、大素包 152

六十一、糖包 153

六十二、蛋黄莲蓉包 154

六十三、小黄梨 155

六十四、莲蓉刺猬包 156

六十五、锅贴 157

六十六、生煎馒头 158

六十七、猪肉煎包 159

六十八、桂花油炸糕 160

六十九、炸麻团 161

七十、大麻花 162

七十一、黑米面发糕 163

七十二、玉米面发糕 164

七十三、南瓜发糕 165

七十四、小窝头 166

七十五、红枣窝头 167

七十六、红枣粽子 168

七十七、蛋黄鲜肉粽子 ………… 169

七十八、紫米年糕 …………… 170

七十九、杂粮锅贴 …………… 171

八十、杂粮烤饼 ……………… 172

第三节 山大风味食品 ……… 173

一、八宝饭 …………………… 173

二、什锦果汁饭 ……………… 174

三、杏园全素拌饭 …………… 175

四、番茄鸡肉焗饭 …………… 176

五、蜜汁叉烧饭 ……………… 177

六、元气满满肥牛饭 ………… 178

七、番茄肥牛饭 ……………… 179

八、照烧鸡排饭 ……………… 180

九、齐园卤肉饭 ……………… 181

十、咖喱鸡饭 ………………… 182

十一、杏园杂粮饭 …………… 183

十二、芝士鸡肉铁板饭 ……… 184

十三、老干妈牛肉炒饭 ……… 185

十四、炸酱面 ………………… 186

十五、海米葱油拌面 ………… 187

十六、济南炒面 ……………… 188

十七、雪菜肉丝面 …………… 189

十八、阳春面 ………………… 190

十九、意大利肉酱面 ………… 191

二十、炝锅面 ………………… 192

二十一、麻汁凉面 …………… 193

二十二、胶东打卤面 ………… 194

二十三、舜园油泼面 ………… 195

二十四、齐园板面 …………… 196

二十五、杏园热干面 ………… 197

二十六、齐园小面 …………… 198

二十七、杏园肠粉 …………… 199

二十八、齐园米线 …………… 200

二十九、掉渣饼 ……………… 201

三十、广式腊肠炒河粉 ……… 202

第四节 糕点食品 …………… 203

一、桂花豆沙条头糕 ………… 203

二、椰蓉软糯糍 ……………… 204

三、米蜂糕 …………………… 205

四、椰丝紫薯球 ……………… 206

五、紫薯蛋糕 ………………… 207

六、千层麻花 ………………… 208

七、黄油酥卷 ………………… 209

八、棉花杯 …………………… 210

九、芝麻杏元 ………………… 211

十、奶酥椰蓉饼 ……………… 212

十一、椰蓉面包 ……………… 213

十二、椰奶小方 ……………… 214

十三、蛋挞 …………………… 215

十四、提拉米苏 ……………… 216

十五、毛毛虫面包 …………… 217

十六、肉松卷 ………………… 218

十七、豆沙佛手面包 ………… 219

十八、杏园鲜奶麻薯 ………… 220

十九、全麦面包 ……………… 221

二十、全麦吐司 ……………… 222

二十一、墨西哥面包 ………… 223

二十二、蔓越莓饼干 ………… 224

二十三、双皮奶 ……………… 225

二十四、软欧包 ……………… 226

二十五、甜甜圈 227

二十六、枣糕 228

二十七、老式面包 229

二十八、泡芙 230

二十九、热狗面包 231

三十、山大五仁月饼 232

十六、秋分 246

十七、寒露 247

十八、霜降 247

十九、立冬 248

二十、小雪 249

二十一、大雪 249

二十二、冬至 250

二十三、小寒 251

二十四、大寒 251

第六章　二十四节气美食

第一节　二十四节气概述 233

一、春季 233

二、夏季 234

三、秋季 234

四、冬季 234

第二节　二十四节气的美食 235

一、立春 235

二、雨水 236

三、惊蛰 236

四、春分 237

五、清明 238

六、谷雨 238

七、立夏 239

八、小满 240

九、芒种 241

十、夏至 242

十一、小暑 242

十二、大暑 243

十三、立秋 244

十四、处暑 244

十五、白露 245

附录　面点知识知多少

一、主食的作用 253

二、对主食摄入有哪些误解 253

三、怎样吃主食最健康 254

四、碱和盐的作用 254

五、酵母的作用 255

六、泡打粉的作用 255

七、小苏打的作用 255

八、吉士粉的作用 255

九、煮饺子的方法 256

十、为什么在煮饺子时要加三次水？ 256

十一、"五谷"是指什么？ 257

十二、为什么说"原汤化原食"？ 257

十三、为什么制作糖包馅要加面粉？ 257

十四、为什么说"起脚饺子落脚面"？ 257

十五、炸油条为什么不建议使用碱矾盐配方？ ... 257

十六、油条为什么要两根一起入锅炸？ 258

后记 259

第一章

主食概述及对员工、加工场地的基本要求

第一节　主食概述

主食是指在日常饮食中占主导地位，提供主要能量和部分营养素的重要食物来源。主食（如米饭、面条、面包等）通常富含碳水化合物（现称"糖类"），是人们饮食结构中必不可缺的一部分，也是人体所需能量的最经济、最重要的食物来源。

主食是碳水化合物的主要摄入源，对人体具有重要的作用。运动时，机体主要依靠碳水化合物来参与供能、维持运动强度，并为肌肉和大脑提供能量。不吃主食可能会导致碳水化合物摄入量过少，机体能量供应不足，轻者会出现恶心、呕吐，重者可能发生脱水和休克；机体长期缺少碳水化合物供给，还会影响记忆力和认知力。有人在减肥期间拒绝摄入米饭、馒头等富含淀粉类食物的做法是错误的，减肥期间要以全谷类、杂粮杂豆类食物为主，适量吃一些薯类，避免食用油条、油饼、炸糕、糕点等高能量主食。

主食粗细搭配更健康，成年人每日要吃米饭或馒头，还要吃全谷类、杂粮杂豆类、薯类等。我们可以在蒸米饭时放一些粗粮，既可以是糙米、燕麦、荞麦、杂豆类，也可以是南瓜、土豆、薯类等。这样吃不仅能补充膳食纤维、矿物质、蛋白质和维生素，而且还能预防糖尿病、心血管系统疾病和肥胖症。

第二节　对员工的基本要求

一、对员工素质的要求

对员工素质的要求包括能力要求、职业要求、身体要求和卫生要求四方面。

（一）能力要求

能力要求方面，员工应熟悉本职工作，具有"精耕细作"的理念、"全心全意为师生服务"的观念和"提质增效，高质量发展"的意识。

（二）职业要求

职业要求方面，员工应做到遵守纪律、爱岗敬业、服从指挥，具有高度的责任感和良好的团结协作精神。

（三）身体要求

身体要求方面，员工应保证身体健康，持有健康证上岗，并能胜任本职工作。

（四）卫生要求

卫生要求方面，员工应做到个人卫生合格，工作服穿戴干净、整齐（见图1-2-1），不露发迹（见图1-2-2），做

图1-2-2 不露发迹

到"四勤"（勤洗手、勤剪指甲、勤理发、勤洗工作服）；男不留胡须（见图1-2-3），女不染指甲，不佩戴金银手饰（见图1-2-4）。

图1-2-1 穿戴干净、整齐

图1-2-3 男性员工着装

图1-2-4 女性员工着装

二、对员工技能的要求

技能要求方面，员工应熟知《中华人民共和国食品安全法》，掌握防火灭火常识，熟知面点制作所用原料的产地、特点和指标。

制作面点所用的原料分为面团用料、制馅原料、调味品和辅助物料三类。

（一）面团用料

面团用料主要是米、麦或杂粮磨成的粉（见图1-2-5、图1-2-6和图1-2-7）。

图1-2-5 糯米粉

图1-2-6 面粉

图1-2-7 玉米面

（二）制馅原料

制馅原料主要是各种肉类、水产品、海味、蛋类，以及各种蔬菜、豆制品、干鲜果、蜜饯等（见图1-2-8至图1-2-16）。

图1-2-8 猪肉

图1-2-9 牛肉

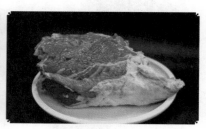

图1-2-10 羊肉

图 1-2-11 鸡蛋

图 1-2-12 鱼肉

图 1-2-13 豆制品

图 1-2-14 新鲜绿叶菜

图 1-2-15 胡萝卜

图 1-2-16 南瓜

（三）调味品和辅助物料

调味品和辅助物料主要是油脂、盐、酱油、乳品，以及改善食品色泽、口味的调料等（见图 1-2-17、图 1-2-18 和图 1-2-19）。

图 1-2-17 油脂

图 1-2-18 酱油（左）和米醋（右）

图 1-2-19 调料

员工还应熟知各种坯料的性质、用途和馅料的要求，并懂得成本核算；掌握面点的基本操作技术要求及程序。面点的基本操作技术要求及程序如图 1-2-20 所示。

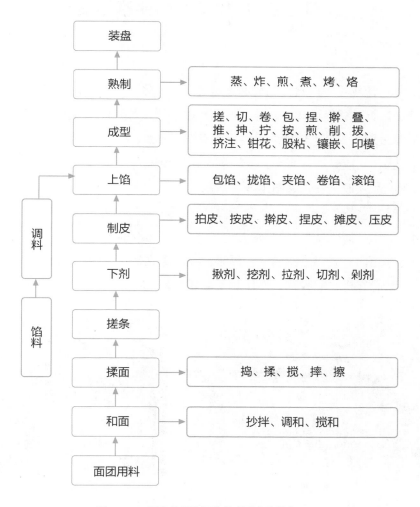

图 1-2-20 面点的基本操作技术要求及程序

从工艺程序来看，面团的基本操作可分为和面、揉面、搓条、下剂、制皮、上馅，再用各种手法使面团成型。和面、揉面、搓条、下剂、制皮属于基本技术范畴，与面团成型密不可分，而且对面团成型质量的好坏影响极大。

除上述要求外，员工还应熟知制作面点所需的所有设备、厨用工具的性能，熟练掌握其使用方法和安全生产知识；员工应具有一定的工作经验，懂得科学搭配、粗菜细做、荤素搭配、合理营养，保证食品口味纯正。

第三节 对加工场所的基本要求

加工场所应满足生产食品品种和数量的要求，采光、通风条件较好，具有食品原料处理、食品加工、贮存等场所，并与有毒、有害场所以及其他污染源保持安全距离，保证不受到污染源污染。对加工场所的卫生要求有以下几点。

（1）操作间应整洁、明亮，空气畅通，无异味。

（2）物品摆放整齐，如图 1-3-1 所示。

（3）机械设备、工作台、工具、容器应做到"木见本色，铁见光"，如图 1-3-2 所示。

（4）灶台应随时清理，灶具每餐清洁一次，地面保证每班打扫一次，如图 1-3-3 所示。

（5）冰箱内外要保持清洁、无异味，物品摆放要有条理、有次序。

（6）禁止在操作间吸烟，操作间不得存放私人物品。

图 1-3-1 物品摆放整齐

图 1-3-2 洁净的机械设备、工作台、工具、容器

图 1-3-3 洁净的灶台、灶具、地面

第二章

主食原料

主食是指传统意义上以米、面为主的粮食性（谷类）食物，是人体所需能量的主要来源。

第一节 原料常识

一、稻谷与稻米

在结构上，稻谷分为稻壳和稻粒两部分。稻米可分为不同的种类和等级，现简述如下。

（1）根据米粒所含淀粉的性质，可将稻米分为籼米（见图2-1-1）、粳米（见图2-1-2）和糯米（见图2-1-3）。

图2-1-1 籼米　　　　　　　　　图2-1-2 粳米　　　　　　　　　图2-1-3 糯米

（2）按收获季节，可分为早籼米和晚籼米、早粳米和晚粳米。

除上述分类外，我国大米的质量是根据加工精度确定等级的。根据国家标准《大米》（GB 1354—1986）的规定，按照加工精度，大米分为特等、标准一等、标准二等、标准三等四个等级。

大米的营养物质包括蛋白质、淀粉、脂类、维生素等。大米的品质鉴定包括粒形、腹白和心白、新鲜度三方面。

（1）粒形。优质大米的米粒充实饱满、均匀整齐，碎米、糙米和爆腰米的含量小，没有未熟粒、虫蚀粒、病斑粒、霉粒和其他杂质。

（2）腹白和心白。腹白是指米粒的腹部有白色粉质部位，心白是指米粒的中心有花状白色粉质部分。含腹白和心白多的大米蛋白质含量少，粒质疏松，易破裂，品质差，吸水能力弱，出饭率低，食味欠佳。

（3）新鲜度。新鲜的大米口感好、有光泽、食味清香，煮熟后柔韧、有黏性，滋味适口。相反，陈化的大米含水量低、色泽暗，米质硬而脆，柔韧性变弱，黏性降低，吸水能力强，出饭率高，香味变差。

不同大米的特点及用途如表2-1-1所示。

表2-1-1 不同大米的特点及用途

品名	特点	用途
籼米	粒形细而长，硬度中等，黏性小而涨性大，色泽灰白，多为半透明	适合做稀饭；因吸水性强、膨大程度较大，所以出饭率相对较高，也比较适合制作米粉、炒饭
粳米	粒形短圆而丰满，硬度高，黏性高而涨性小，色泽蜡白，半透明	多用于制作米饭，成粉可制作年糕、斗糕等；用粳米米粉调制的粉团不能发酵使用
糯米	粒形较长，呈椭圆形，硬度低，黏性高而涨性小，色泽乳白，不透明	可制作八宝饭、粽子，糯米米粉与其他米粉混合使用可制作元宵、年糕；用糯米米粉调制的粉团不能发酵使用

二、小麦与面粉

（一）小麦的分类

小麦麦粒的外观如图2-1-4所示，对其分类简述如下。

（1）按颜色，小麦可分为白麦和红麦。

（2）按粒质特性，小麦可分为硬质麦和软质麦，其中硬质麦涨力大，适合制作发酵食品，如面包和馒头；软质麦涨力小，较适合制作松脆食品，如各类饼干。

（3）按种植期，小麦可分为春天播种、冬霜前收获的春小麦和秋天播种、来年初夏收获的秋小麦。

图2-1-4 麦粒

（二）面粉的分类和特点

（1）按加工精度，面粉可分为特制粉、标准粉和普通粉（见表2-1-2），其中特制粉（见图2-1-5）又分为一等、二等。

表 2-1-2 面粉按加工精度的分类

品种	颜色	麸量	水分	面筋质	加工精度	特点	用途
特制粉	白	少	≤ 14.5%	≥ 26%	细	弹性大，延伸性和可塑性强	制作面包、馒头、宴会面点
标准粉	稍黄	稍高	≤ 14.0%	≥ 24%	较细	弹性较强，营养成分也较全	制作烙饼、烧饼等大众食品
普通粉	黄	高	≤ 13.5%	≥ 22%	较粗	弹性小，可塑性差，营养成分全	适合制作大众化食品

（2）按蛋白质含量多少，面粉可分为高筋粉、中筋粉和低筋粉。高筋粉又叫强筋粉，蛋白质和面筋含量高，蛋白质含量为 12%~15%，湿面筋值在 35% 以上，适合制作面包、起酥面点、泡芙点心等；中筋粉是介于高筋粉与低筋粉之间的一类面粉，蛋白质含量为 9%~11%，湿面筋值为 25%~35%，适合制作水果蛋糕、肉馅饼等；低筋粉又叫弱筋粉，蛋白质和面筋含量低（蛋白质含量为 7%~9%，湿面筋值在 25% 以下），适合制作蛋糕、甜酥点心、饼干等。

图 2-1-5 特制粉

（3）按性能和用途，面粉可分为专用面粉（如面包粉、饺子粉、饼干粉等）、通用面粉（如标准粉、富强粉等）、营养强化面粉（如增钙面粉、富铁面粉、"7+1"营养强化面粉等）。

三、杂粮

（一）玉米

玉米俗称"苞谷""棒子"，产于河北、山东、吉林等地，是我国主要的杂粮之一，为高产作物（见图 2-1-6）。按照颜色，玉米可分为黄色玉米、白色玉米和杂色玉米三类。玉米既可磨粉（玉米面），又可制米（玉米渣，见图 2-1-7），没有等级之分，

图 2-1-6 玉米

图 2-1-7 玉米渣

只有粗细之别。玉米面可制作粥、窝头、发糕、菜团等，玉米渣可用于煮粥、焖饭。

（二）小米

小米又称"黄米""粟米"，主要种植于黄河流域以及更偏北的地区，主要品种有南和小米（也称"金米"）、龙山小米、桃花小米、沁州黄小米等（见图 2-1-8）。小米可以煮粥、蒸饭，或磨粉制作饼、蒸糕，也可和其他粮食混合食用。

（三）黑米

黑米属稻类中的一类特质米，分籼型、粳型两类，又称"紫米""墨米""血糯"等（见图2-1-9）。黑米的主要品种有广西东兰的墨米、云南西双版纳的紫米、江苏常熟的血糯、山西阳县的黑米等。黑米的营养成分含量较高，每千克黑米约含蛋白质11.43 g，脂肪3.84 g，以及较多的人体必需氨基酸。

图 2-1-8 小米

（四）荞麦

荞麦古称"乌麦""花荞"，籽粒呈三角形，主要种植于我国西北、东北、华北、西南一带的高寒地区（见图2-1-10）。荞麦主要分为甜荞、苦荞、翅荞、米荞四种。荞麦用途广泛，籽粒磨成粉后可制作面条、面片、饼子和糕点等。荞麦所含的蛋白质和淀粉易被人体消化吸收。

图 2-1-9 黑米

（五）甘薯

甘薯又称"番薯""山芋""红薯""地瓜""红苕"，原产于南美洲，16世纪末引入我国福建、广东沿海地区（见图2-1-11）。目前除青藏高原高寒地区外，全国各地均有种植。甘薯的皮色有白、淡黄、黄、黄褐、红、淡红、紫红等，肉色有白、黄、杏黄、橘红、紫红等。

图 2-1-10 荞麦

甘薯块根的特点是含有大量淀粉，质地软糯，味道香甜。甘薯既可作为主食，或与其他食材混合制作面点；又能做菜，适宜蒸、煮、扒、烤，也可炸、炒、煎、烹。甘薯块根还可晒干贮存。

图 2-1-11 甘薯

（六）其他杂粮

其他杂粮有黄豆（见图2-1-12）、绿豆、小豆、豇豆（见图2-1-13）等。

图 2-1-12 黄豆

图 2-1-13 豇豆

四、谷类的营养特点

谷类是制作各种主食的主要原料，是我国人群膳食结构中能量的主要来源，此外也能为人体提供丰富的维生素、矿物质和膳食纤维。杂粮中的豆类是植物性食物中优质蛋白质的唯一来源。

谷类是提供热量的最主要来源，包括大米、小米、玉米、小麦、燕麦、荞麦等。我国人群的主食多以大米和小麦为主要原料制作而成。我国居民的膳食中，70%~80% 的热量和约 50% 的蛋白质是由谷类提供的，因此我们称粮谷类原料制作的食物为主食。中国居民膳食营养调查的结果显示，谷类食物在我国居民的膳食构成中占比 49.7%，居绝对优势地位。

（一）谷粒的结构与营养素分布

谷粒由谷皮、糊粉层、胚乳、胚轴和胚芽五部分构成（见图 2-1-14）。各种谷类种子的结构基本相似。

（1）谷皮：谷皮为谷粒的外壳，约占整个谷粒质量的 5%，主要由纤维素、半纤维素和木质素组成，并含有少量蛋白质、脂肪、维生素 B 和钙、磷、铁等矿物质。

（2）糊粉层：糊粉层位于谷皮和胚乳之间，由厚壁细胞组成，约占整个谷粒质量的 8%。糊粉层中纤维素含量较多，蛋白质、脂肪、维生素 B 和矿物质含量也较高，但在碾磨和加工时易与谷皮同时脱落而混入糠麸中。

（3）胚乳：胚乳是谷粒的主要部分，占整个谷粒质量的83%~87%。胚乳含大量淀粉和一定量的蛋白质，但矿物质和维生素含量极低。

（4）胚轴：胚轴占整个谷粒质量的比例约为 1%，在种子萌发后发育成连接植物茎和根的部分。

（5）胚芽：胚芽位于谷粒的一端，占整个谷粒质量的2%~3%，是种子发芽的关键部位。胚芽中脂肪、蛋白质、矿物质、维生素 B 和维生素 E 的含量都很丰富。胚芽质地松软而有韧性，不易粉碎，但在加工时因易与胚乳分离而丢失。

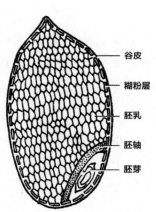

谷皮
糊粉层
胚乳
胚轴
胚芽

图 2-1-14 谷粒的纵切面示意图

胚芽和谷粒周围组织还含有多种酶类，在粮谷类贮存的过程中，如条件适合这些酶类的活动，就容易导致种子发生霉变。

（二）谷类的营养价值分析

1. 糖类

谷类中的糖类主要为淀粉，大多集中在胚乳内，含量为 50%~70%。淀粉是人类目前最理想、最经济的能量来源，在我国居民膳食中，55%~65% 的能量来自谷类中的糖类。

2. 蛋白质

谷类所含的蛋白质是人体蛋白质的重要来源，其含量一般为 8%~16%。燕麦中蛋白质含量较高，为 15%~16%；其次为青稞，为 13%~14%；小麦中的蛋白质含量约为 10%，稻米及玉米中的蛋白质含量约为 8%。

3. 脂肪

谷类中脂肪含量较少，主要存在于胚芽中，仅为谷粒质量的 1.0%~4.0%（大米和小麦为 1.0%~2.0%，玉米和小米可达 4.0%）。在加工谷类时，易转入副产品中。

从米糠中可提取对机体健康有益的米糠油、谷维素和谷固醇。从玉米和小麦胚芽提取的胚芽油中，80% 为不饱和脂肪酸，其中亚油酸占 60%，具有降低血清胆固醇、防止动脉粥样硬化的作用。

4. 矿物质

谷类中矿物质含量为 1.5%~3.0%，大部分集中在谷皮和胚芽中，主要是磷和钙。由于谷类中的矿物质多以植酸盐的形式存在，因此人体对其消化吸收的能力较差。

5. 维生素

谷类是膳食中维生素 B 的重要来源，如硫胺素、核黄素、尼克酸和吡哆醇等。谷类中的维生素主要存在于糊粉层和胚芽中。谷类的加工精度越高，维生素损失就越多。玉米和小米中还含有少量胡萝卜素。

（三）谷类的合理利用

1. 谷类的加工

谷类的加工主要有制米和制粉两种。由于谷类的结构特点，导致其所含的各种营养素分布不均衡：矿物质、维生素、蛋白质、脂肪多分布在谷粒周围和胚芽内，向胚乳中心逐渐减少，因此加工精度与谷类营养素的保留程度有密切关系。加工精度越高，糊粉层和胚芽损失越多，营养素损失越严重，其中尤以维生素 B 的损失最为显著。

谷类加工粗糙时，出粉 / 米率高，营养素损失少，但成品的感观性状和消化吸收率也相应较低。另外，由于谷类中植酸和纤维素含量较多，还会影响其他营养素的吸收，如植酸可与钙、铁、锌等螯合形成植酸盐，使机体无法吸收利用。

与精白米面相比，我国于 20 世纪 50 年代初加工生产的标准米（"九五米"）和标准粉（"八五粉"）保留了较多维生素 B、纤维素和矿物质，这在预防某些营养缺乏病方面收到了良好的效益。

2. 谷类的烹调

大米在加工过程中，如果加工环境的卫生条件不合格且包装简陋，会受到砂石、谷皮和尘土的污染，烹调前必须淘洗。淘洗过程可损失一部分水溶性维生素和无机盐，如维生素 B_1 可损失 30%~60%，维生素 B_2 和尼克酸可损失 20%~25%，无机盐可损失 70%。营养素的损失程度与淘洗次数、浸泡时间和用水温度密切相关。淘洗时，水温越高、搓洗次数越多、浸泡时间越长，营养素的损失越大。

不同的烹调方式引起营养素损失的程度不同，主要是对维生素 B 有影响。例如，在制作米饭时，用蒸的方式维生素 B 的保存率高；米饭在电饭煲中保温时，随着保温时间的延长，维生素 B_1 的损失也越多；在制作面食时，用蒸、烤、烙的方式，维生素 B 的损失要比油炸的方式损失小。

3. 谷类的贮存

在适宜条件下，谷类可贮存较长时间，其蛋白质、维生素、矿物质含量变化不大。当贮存条件改变，如空气相对湿度增大或温度升高时，谷粒内酶的活性升高，呼吸作用增强，使谷粒发热，促进霉菌生长，引起蛋白质、脂肪、糖类分解产物堆积，发生霉变，不仅改变了谷类的感观性状，而且会使谷类失去食用价值。

由于谷类的贮存条件和含水量不同，导致各类维生素在贮存过程中的含量变化也不尽相同。例如，谷类含水量为 17% 时，5 个月后维生素 B_1 会损失 30%；谷类不去壳贮存 2 年，则维生素 B_1 几乎无损失。因此，谷类应存放在避光、通风、干燥和阴凉的环境下，控制真菌及昆虫的生长繁殖条件，减少氧气和日光对营养素的破坏，保持谷类的原有营养价值。

第二节　制馅原料

制馅原料主要包括咸味馅原料和甜味馅原料，此外还有调味原料和辅助原料。

一、咸味馅原料

（一）畜、禽肉类（荤馅）

猪肉中含有较多的肌间脂肪，肌肉的纤维细而软，制馅时应选用黏性较大、吸水性强、肥瘦适宜的夹心肉。猪肉馅如图 2-2-1 所示。

牛肉肉质坚实，颜色棕红，切面有光泽，脂肪为淡黄色至深黄色，制馅时一般应选用鲜嫩无筋络的部位。牛肉的吸水力强，调馅时应多加水。牛肉馅如图 2-2-2 所示。

图 2-2-1　猪肉馅　　　　　　　图 2-2-2　牛肉馅

羊肉中，绵羊肉肉质坚实，颜色暗红，肉的纤维细软，肌间很少有夹杂的脂肪；山羊肉比绵羊肉色浅，呈较淡的暗红色，皮下脂肪稀少，质量不如绵羊肉。山羊肉馅如图 2-2-3 所示。

鸡肉的肉质纤维细嫩，含有大量谷氨酸，味道鲜美，制馅时一般选用当年的嫩鸡脯肉。鸡肉馅如图 2-2-4 所示。

图 2-2-3 山羊肉馅

图 2-2-4 鸡肉馅

除上述肉类外，制馅时使用的肉制品还有火腿肠（见图 2-2-5）、香肠、酱鸡、酱鸭等。

图 2-2-5 火腿肠

（二）水产海味类

水产海味类中的鱼类有上千个品种，制作面点馅心需选用肉嫩、质厚、刺少的鱼（见图 2-2-6）。制馅时，鱼均需去掉头、皮、骨、刺，再根据面点品种的需要制作成馅。

虾仁（见图 2-2-7）含有丰富的蛋白质，加热成熟后色泽变红。若选用透明度较好的澄粉面团作为坯皮包馅做成面点，加热成熟后外观白里透红，极为美观。

用于制馅的干货海产品中，常见的有海米、海带、虾皮（见图 2-2-8）、干贝等。干货海产品一般不单独制馅，大多是与其他原料配合制成海三鲜、肉三鲜、素三鲜馅等。干货海产品在使用时，有的需经过发制过程，应注意发制的方法，细心操作。

图 2-2-6 鱼

图 2-2-7 虾仁

图 2-2-8 虾皮

（三）蔬菜类

用于制作馅心的新鲜蔬菜种类较多，其特点一般是鲜嫩、含水量大。用新鲜蔬菜制馅大都需经过择、洗、切、脱水等工序。常用的新鲜蔬菜有白菜（见图 2-2-9）、菠菜、荠菜、大葱、胡萝卜、冬瓜、茴香苗、西葫芦（见图 2-2-10）、南瓜、西红柿（见图 2-2-11）等。

图 2-2-9 白菜

图 2-2-10 西葫芦

图 2-2-11 西红柿

除了新鲜蔬菜外，干菜类也可用于制馅。常用于制馅的干菜有木耳（见图 2-2-12）、香菇（见图 2-2-13）、玉兰片、黄花菜等。干菜类在制馅前均需涨发。木耳以选用肉厚、有光泽、无皮壳的为佳。

图 2-2-12 木耳

图 2-2-13 香菇

二、甜味馅原料

甜味馅原料有豆类、干果类、水果类和蜜饯类。

（一）豆类

豆类有红小豆（见图 2-2-14）、绿豆（见图 2-2-15）等，煮熟捣烂后可制作豆沙馅。

图 2-2-14 红小豆　　　　　　　　　　图 2-2-15 绿豆

（二）干果类

干果类有特殊风味，用以制馅既可丰富馅心的品种，又可改善馅心的味道。常用的干果有核桃仁、莲子、栗子、芝麻（见图 2-2-16）、花生仁（见图 2-2-17）、瓜子仁、红枣（见图 2-2-18）等。

图 2-2-16 芝麻　　　　　　图 2-2-17 花生仁　　　　　　图 2-2-18 红枣

（三）水果类

新鲜的水果（见图 2-2-19），如桃、橘子、苹果、杏等既可用作面点的配料，又能单独制成水果羹、水果排、水果冻等。

（四）蜜饯类

蜜饯类是使用高浓度的糖液或蜜汁浸透果肉加工而成的食品，可分为带汁蜜饯（见图 2-2-20）和干汁蜜饯两种。

图 2-2-19 新鲜的水果

图 2-2-20 带汁蜜饯

三、调味原料和辅助原料

　　调味原料在制作面点时，既可用于调制馅心，也可用于调制面团。其主要作用是使制品去除食材中的某些不良异味，并增加色泽、香气或滋味，从而达到美味适口的要求。调味原料有酱油、醋（见图 2-2-21）、辣椒、花椒、桂皮、大料等（见图 2-2-22）。

图 2-2-21 酱油（左）和米醋（右）

图 2-2-22 良姜、白芷、草果、大料等

　　辅助原料有油脂、糖、盐等，主要用于改善面团性质，使制品具有疏松多口、柔软体大的特色。

　　下面介绍几种常用的调味原料和辅助原料。

（一）油脂

　　油脂既是馅心的调味原料，又是面团的重要辅助原料。油脂能使面点迅速成熟，增强面点的色泽、美感和香味，使面点组织细腻。常用的油脂有荤油和素油两种。荤油以猪油和动物奶油为主；素油就是植物油，有花生油、大豆油（见图 2-2-23）、椰子油、芝麻油、棕榈油、棉籽油等。

图 2-2-23 大豆油

油脂在制作面点中的作用有以下方面：

（1）增加香味，提高成品的营养价值。

（2）使面团润滑、分层或起酥发松。

（3）油脂的乳化性可使成品光滑、油亮、色匀。

（4）油脂可降低面团的黏着性，便于工艺操作。

（5）作为传热介质，油脂能使成品变得香、脆、酥、松。

（二）糖

糖是制作面点的重要辅助原料之一。糖不仅是一种甜味原料，而且有改善面团性质的作用。糖主要有蔗糖、饴糖和蜂蜜三类。

1. 蔗糖

蔗糖包括白砂糖（见图2-2-24）、绵白糖（见图2-2-25）、冰糖（见图2-2-26）和红糖（见图2-2-27）等，它们在面点制作中的作用有：

（1）增加甜味，调节口味，提高成品的营养价值。

（2）供给酵母菌养料，调节发酵速度。

（3）改善面点色泽，美化面点外观，并具有一定的防腐作用。

图 2-2-24 白砂糖　　　　图 2-2-25 绵白糖　　　　图 2-2-26 冰糖　　　　图 2-2-27 红糖

2. 饴糖

饴糖的主要成分是麦芽糖，它能增加面点成品的香甜气味，使成品具有光泽。此外，饴糖还能提高成品的滋润性和弹性，让面点变得绵软。

3. 蜂蜜

蜂蜜又称"蜂糖"（见图2-2-28），用于制作面点可提高成品的营养价值，增加甜味，并使成品具有浓郁的芳香气味。此外，蜂蜜还可增加成品的滋润性和弹性，使成品膨松柔软。

图 2-2-28 蜂蜜

（三）食盐

食盐的主要成分是氯化钠，是制作面点不可缺少的辅料。除调制馅心需加食盐调味外，调制面团也需要加入适量食盐。食盐在制作面点中的作用有：

（1）改变面团中面筋的物理性质，使面团更筋道。

（2）通过渗透压作用使面团结构变得细腻，并使面团显得洁白。

（3）控制酵母菌的繁殖，调节面团的发酵速度。

（4）抑制细菌的生长繁殖。

（四）乳品

乳品是面点制作中重要的辅助原料之一。乳品不但具有很高的营养价值，而且对面团的工艺性能也会发挥重要的作用。制作面点常用的乳品有鲜牛奶（见图 2-2-29）、奶粉和炼乳等。乳品在制作面点中的作用有：

（1）让面点制品更有营养。

（2）改进面团的工艺性能，增加发酵能力。

（3）改善面点的色、香、味。

（4）延长成品保质期。

（五）蛋品

蛋品是制作面点的重要原料，常见的蛋品包括鲜鸡蛋（见图 2-2-30）、冰蛋和蛋粉等。在制作面点时，使用最多的蛋品是鲜鸡蛋，原因是鲜鸡蛋胶黏性强、起发力大且味道鲜美。蛋品在制作面点中的作用有：

（1）提高面点制品的营养价值，增加成品的天然风味。

（2）蛋清的发泡性能可改善面团的组织状态，提高成品的疏松度和柔软性。

（3）蛋液可改变面坯的颜色，增加成品的色彩。

（4）蛋黄的乳化性可提高成品的抗老化能力，延长成品的保存期。

图 2-2-29 鲜牛奶

图 2-2-30 鲜鸡蛋

第三章

主食制作设备与工具

第一节 主食制作设备

一、食材准备器具

食材准备器具包括和面机、多功能搅拌机、压面机、馒头机、切菜机、绞肉机。

（一）和面机

和面机（见图3-1-1）又称调粉机，可将面粉和水均匀混合，是制作面点的常用设备。和面机以电机作为动力源，通常由机架、电机、传动装置、搅拌器、搅拌缸等部件组成。和面机使用的电压有380 V和220 V之分。

图3-1-1 和面机

工作时，搅拌器由传动装置带动，在搅拌缸内回转，同时搅拌缸在传动装置的带动下以恒定速度转动。搅拌缸内的面粉不断被推、拉、揉、压，充分搅和，并与水迅速混合，使干性面粉得到均匀的水化作用，扩展面筋，成为具有一定弹性、伸缩性和流动均匀的面团。

常用的和面机有卧式和面机和立式和面机两种类型。

（1）卧式和面机。卧式和面机结构简单，清洗、卸料操作方便，制造维修简便，生产能力大。卧式和面机通常使用380 V电压，一般搅拌速度为每分钟50~100转。卧式和面机是自动化程度较高的和面机，具有自动定量加水、自动控制面团温度、定时停机、自动放料等功能。

（2）立式和面机。立式和面机在糕点房应用较广泛，其搅拌回旋轴线为垂直方向，但搅拌器垂直或倾斜安装。立式和面机转速慢、发热量小，能使面团形成良好的面筋组织。

使用和面机的注意事项如下：

（1）接通电源后，切忌将手伸入搅拌缸，以免造成意外事故。

（2）和完面后，应将搅拌缸和搅拌器清洗干净，以保证食品卫生。

（3）轴承等部位要定期加油保养，使其润滑，减少磨损。

（4）设备不能超负荷使用，应尽量避免长时间不间断运转。

（二）多功能搅拌机

多功能搅拌机（见图3-1-2）是制作面点中使用很普遍的一种加工机具，多为立式，由机架、电机、传动装置、变速装置、搅拌器和料桶等构成，以电机为动力源，电压有380 V和220 V之分。

多功能搅拌机一般有钩形搅拌机、球形搅拌机和扇形搅拌机三种。

图3-1-2 多功能搅拌机

（1）钩形搅拌机。钩形搅拌机是一种高强度整体锻造的搅拌机，外形上一般与料桶的侧壁弧线平行，适用于低速搅拌糖浆、面团等黏度较大的物料。

（2）球形搅拌机。球形搅拌机由很多粗细均匀的不锈钢钢条制成，强度相对较低，在旋转时有弹性搅拌作用，可增加液体物料的摩擦机会，有利于混入空气，适用于在高速下搅拌蛋液、蛋糕糊等黏度较低的物料。

（3）扇形搅拌机。扇形搅拌机由铁或不锈钢整体锻铸而成，强度较高且作用面积较大，适用于中速搅拌馅心、膏状物料以及黄油等凝固状的油脂。经中速搅拌后，能使大量空气进入黄油内。

多功能搅拌机的工作原理是传动装置内的齿轮传动带动搅拌器，在使搅拌器高速运转的同时自身又产生公转，由此对物料进行强制搅拌和充分摩擦，以实现对物料的混均、乳化和充气。多功能搅拌机主要用于液体面糊、蛋白液等黏稠性物料的搅拌，如糖浆、蛋糕面糊和裱花乳酪的搅拌等；也可用于调制面团和搅拌馅心等。

使用多功能搅拌机的注意事项如下：

（1）启动前要检查料桶，安装定位正确后再进行操作。

（2）根据不同的面团选择不同的搅拌器，否则易损坏电机，或是让加工的面团不符合要求。

（3）根据料桶容积进行投料。投料不可超过料桶最大容量，否则会出现"小马拉大车"现象，缩短机器的使用寿命。

（4）使用中应避免将大块、高强度的物料（如冰蛋）直接投入料桶内进行搅拌，以免负载过大，损坏机器。

（5）每次操作完后，应将料桶和搅拌器清洗干净，以保证食品卫生。

（6）轴承等部件要定期加油保养，使其润滑，减少磨损。

（三）压面机

压面机（见图3-1-3）的作用是将松散的面团压成紧密的、具有一定厚度的面片，或是形成具有一定筋力和韧性的面坯。

压面机由两个转动方向相反的金属滚筒组成，两个滚筒间距可根据制品需要，通过调节螺丝灵活地进行调节。

使用压面机的注意事项如下：

（1）操作时应严格遵守操作程序及面点师的着装规范，否则容易出现生产事故。

（2）开机后严禁用手触摸压辊。

（3）每次操作完后应将机器擦拭干净，以免影响下一次使用。

（4）轴承等部件要定期加油保养，使其润滑，减少磨损。

图3-1-3 压面机

（四）馒头机

馒头机（见图3-1-4）主要用于生产各种馒头，具有清洁卫生、工作效率高的特点。馒头机整机设计合理、结构紧凑，外形整齐美观，工作效率高，操作简单，清理方便，揉制出的馒头要比手工揉制的馒头外形更加光滑美观，且不影响馒头的口感。

馒头机靠成型辊之间的旋转挤压将馒头揉搓成型，保证产品的大小均匀及表面光滑，提高了工作效率。

图3-1-4 馒头机

使用馒头机的注意事项如下：

（1）使用前和使用后应将成型辊、进面口等清扫干净，严格按规程操作，不得喷水清洗，以防生锈，影响使用。

（2）操作时必须集中精力，添加面团时要使用工具向下挤压，以免发生危险。

（3）长期不用机器要将出面口拆卸，清理通道内的余面，防止变质，造成食品污染。

（4）不能在馒头机上乱放杂物，以免杂物掉入内部损坏设备。

随着科技的发展，现在出现了一种"智能馒头机"，其采用微电脑控制传统蒸馒头工艺中的和面、揉面、发酵、蒸制工艺，全自动操作，只需按比例放入水、面粉和相关辅料，就可以蒸出热腾腾的白面馒头，不费时、不费力且味道可口。

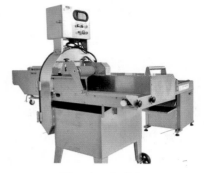

（五）切菜机

切菜机（见图3-1-5）又称斩拌机，可将蔬菜粉碎，是加工馅心的通用设备。切菜机凭借圆刀盘高速运转的切削作用，达到粉碎物料的目的。可通过变换刀盘规格改变物料的切削尺寸。

图 3-1-5 切菜机

使用切菜机的注意事项如下：

（1）使用前应先接通电源，启动开关，空转1~2 min，检查机器运转正常后再使用。

（2）使用前和使用后应清理干净，严格按规程操作。

（3）停机后千万不能用水清洗，以防电机进水。应用干净的布擦拭刀盘内外。

（六）绞肉机

绞肉机（见图3-1-6）的作用是将肉类原料按不同工艺要求，加工成规格不等的颗粒状肉馅，以便同其他辅料充分混合，来满足制作不同产品的需要。

绞肉机工作时，利用转动的切刀和孔板上的孔眼刃形成的剪切作用将原料肉切碎，并在螺杆挤压力的作用下将原料不断排出机外。绞肉机可根据物料性质和加工要求，配置相应的刀具和孔板，即可加工出不同尺寸的颗粒，以满足下道工序的工艺要求。

使用绞肉机时的注意事项如下：

（1）使用前，需对肉进行初步加工，去掉韧带后改刀切成小条，否则易缠绕刀片，造成停机。

（2）绞制肉馅时，应用机器自带专用工具向下挤压物料，不可用手或其他工具代替，以免发生危险。

图 3-1-6 绞肉机

二、蒸、烤器具

蒸、烤器具包括醒发箱、蒸箱、烤箱和万能蒸烤箱。

（一）醒发箱

醒发箱（见图3-1-7）又名发酵箱，其箱体大都是由不锈钢制成的，由密封的外框、活动门、不锈钢托架、电源控制开关、水槽以及温度/湿度调节器等组成。

醒发箱的规格大小不一，分为单门、双门、三门等类型。工作时，醒发箱通过电热管将水槽内的水加热蒸发，使面团在一定温度和湿度下充分发酵、膨胀。如果是发酵面包面团，需要先将醒发箱调节到设定的温度，然后方可进行发酵。

使用醒发箱的注意事项如下：

（1）使用前应先检查水槽内的水位，不可无水干烧。

（2）在打开电源前，应先将醒发箱调节到生产工艺要求的温度和湿度。

图 3-1-7 醒发箱

（3）醒发箱使用前后均要进行清洁，以免滋生细菌、污染食品。水槽要经常用除垢剂进行清洗。

（二）蒸箱

蒸箱（见图 3-1-8）是利用蒸气传导热量，将食品直接蒸熟的设备。蒸箱有多种规格，一般分为单门蒸箱、双门蒸箱和三门蒸箱。

使用蒸箱的注意事项如下：

（1）使用前查看水是否加足。蒸箱最怕空烧，空烧会使电热管温度急剧上升而烧坏设备。

（2）使用时，中途不得打开蒸箱门，否则制品不易蒸熟。

（3）使用完毕应及时将水清理出来，否则水垢增厚会影响加热效果，也不利于保持卫生。

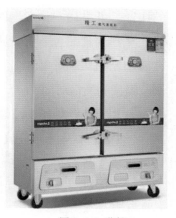

图 3-1-8 蒸箱

（4）清理蒸箱时要先切断电源。

（三）烤箱

烤箱（见图 3-1-9）又称烤炉，是一种烤制食物的设备。按热源可将烤箱分为煤烤箱、燃气烤箱和电烤箱三类，其中使用最广泛的是电烤箱。

电烤箱是利用电热元件发出的辐射热烤制食物的电热器具，由箱体、箱门、电热元件、控温与定时装置组成，主要有立式和卧式两种。工作时，电烤箱通过电能的红外线热辐射、炉膛内空气的热对流以及炉膛内钢板的热传导三种热传递方式，将食品烘烤成熟上色。在烘烤食品时，一般要将烤炉上

图 3-1-9 烤箱

火和下火打开，预热到工艺温度后再将成型的食品放入烘烤。

使用烤箱的注意事项如下：

（1）食品烘烤前应先将烤箱预热，但预热时间不宜过长，只要达到所需要的烘烤温度，就应立即将食物放入烘烤，因为干烤对烤箱的损害最大。

（2）应先将烤盘擦干后再放入，不可将潮湿的烤盘直接放入烤箱内。

（3）炉门附近的烤盘受散热影响，在烘烤过程中可能会导致制品受热不均匀。在烘烤过程中可灵活调整烤盘方向，以使烤盘受热均匀。

（4）清洁烤箱时应先断电，以防触电。

（5）烘烤完毕应立即关掉电源。

（四）万能蒸烤箱

万能蒸烤箱（见图3-1-10）集烘焙、烧烤、蒸煮、加热于一身，能够烹制多种菜式。万能蒸烤箱可分为立式和台式，其采用蜗流风扇送风加热，加热均匀，且自带能够探测食品中心温度的探针，可以让制作者随时掌握食品的中心温度，保证烹制的食品色、香、味俱全。万能蒸烤箱还设有温度控制器和计时器，可以根据不同的食品类型调节温度和所需时间。

使用万能蒸烤箱的注意事项如下：

（1）万能蒸烤箱应放在平稳的地方，左右侧离开可燃物1 m以上，且在设备附近安装合适的电源开关、熔断器及漏电保护器，电源开关前方不得堆放杂物。

（2）操作者必须严格遵守用电安全准则，在使用前确认电源电压与产品铭牌的供电电压相符且已安全接地。

图3-1-10 万能蒸烤箱

（3）万能蒸烤箱投入使用前应按使用说明书安装、调试。

（4）安装、检修万能蒸烤箱都必须由专业人员操作。检修时，须先断电，并待机器冷却后才能拆卸。

（5）机器工作时箱体温度较高，切勿裸手直接触摸；整理食物时小心烫伤。

三、炸、烙器具

炸、烙器具包括电炸炉、电饼铛和天然气炉灶。

（一）电炸炉

电炸炉（见图 3-1-11）又称电炸锅、油炸锅、炸炉，是用来生产油炸食品的加热设备。

电炸炉有不同的分类方法。根据形状，可将电炸炉分为立式电炸炉和台式电炸炉；根据功能，可将电炸炉分为单缸电炸炉、双缸电炸炉、三缸电炸炉和多功能电炸炉。

电炸炉工作时，由两只插入式管状电热元件产生热量，且具有独立的位式功率调节开关和自动温度控制装置。

图 3-1-11 电炸炉

使用电炸炉的注意事项如下：

（1）使用后先切断电源，再清理油脂及残渣。

（2）清理时应用干布擦拭炉体，使炉体内保持干燥，以免短路。

（二）电饼铛

电饼铛（见图 3-1-12）是制作面点的常用设备之一，可以灵活地进行烙、煎等烹饪，制作大饼、馅饼、水煎包、锅贴、荷叶饼等。

电饼铛具有自动上下火控温，自动点火、熄火、保护等功能，上下两铛可同时使用，也可单独使用下铛。根据制品的不同，其温度可在 0~300 ℃之间灵活地调节运用。

图 3-1-12 电饼铛

使用电饼铛的注意事项如下：

（1）应根据制品的不同调节温度，选择使用上铛或下铛。

（2）因为电饼铛的加热器具有热惯性，所以从保证加热效果和省电的角度看，在预热和切断的时间上应考虑一个提前量。

（3）使用完后，一定等温度降低后再清理。电饼铛外部可用弱碱水擦洗。

（三）天然气炉灶

天然气炉灶（见图 3-1-13）是利用天然气燃烧产生热量，将锅内水或油加热，将制品加热成熟的设备。天然气炉灶分为炒灶和蒸灶，以满足炒、蒸、煮、炸、烙、煎等不同食品熟制方法的需要。

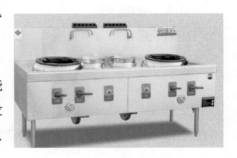

图 3-1-13 天然气炉灶

使用天然气炉灶的注意事项如下：

（1）炉灶高度一般为70 cm，两灶口之间净距应不小于40 cm。

（2）若为人工点火炉灶，应先划着火，做到"火等气"，再扭动燃气开关，使燃气一出来遇到火种立即燃烧。

（3）正常火焰应呈淡蓝色，如火焰发红或冒烟，表明进风量小，应调大风门；反之，如果出现离焰，表明进风量过大，应调小风门。如果发生回火，可关闭灶具开关，稍停半分钟，适当调小风门后再点火。点火后应适当调节风门，使火焰恢复正常。

（4）每次使用完毕应彻底擦拭灶具，尤其要保持火孔畅通，以保证正常使用和清洁卫生。

四、冷藏器具

冷藏器具主要是电冰箱。电冰箱（见图3-1-14）是保持恒定低温的一种制冷设备。箱体内有压缩机、制冷机用以结冰的柜或箱，带有制冷装置的储藏箱。

图3-1-14 电冰箱

（一）电冰箱的分类

电冰箱有不同的分类方式。例如，按内冷却方式，电冰箱可分为冷气强制循环式（又称间冷式/风冷式或无霜冰箱）和冷气自然对流式（又称直冷式或有霜冰箱）；按制冷方式，电冰箱可分为气体压缩式电冰箱和气体吸收式电冰箱；按外形，电冰箱可分为单门电冰箱、双门电冰箱、三门电冰箱和四门电冰箱；按用途，电冰箱可分为冷藏冰箱和冷冻冰箱。

（二）电冰箱的工作原理

1.压缩式电冰箱

压缩式电冰箱由电机提供机械能，通过压缩机对制冷系统做功，制冷系统利用低沸点的制冷剂蒸发气化吸收热量，从而达到制冷的目的。这种电冰箱的优点是寿命长、使用方便。

2.吸收式电冰箱

吸收式电冰箱可以利用热源作为动力，利用氨－水－氢混合溶液在连续吸收/扩散的过程中达到制冷的目的。这种电冰箱的缺点是效率低、降温慢，现已逐渐被淘汰。

3. 半导体电冰箱

半导体电冰箱是利用对 PN 型半导体，通以直流电，在结点上产生珀尔帖效应的原理来实现制冷的电冰箱。

使用电冰箱的注意事项如下：

（1）电冰箱应放置在空气流通处，箱体四周留有 10~15 cm 或更大的空隙，以便通风降温。

（2）存放的物品不宜过多，且生、熟食品要分开存放。

（3）食品的温度降至室温时才能放入电冰箱。

（4）冰箱门必须关紧，使电冰箱内部保持低温状态。

（5）使用过程中要注意及时清除蒸发器上的积霜。

（6）电冰箱在运行时不得频繁切断电源，以免损环压缩机。

（7）停用时要切断电源，取出里面的食品，融化霜层，并将电冰箱内外擦洗干净。

第二节 制作主食的工具

一、灶台工具

灶台工具包括锅、蒸笼、笊篱、筷子、勺子和手勺。

（一）锅

锅（见图3-2-1）是一种炊事用具，可用于对食物进行烹、煮、煎、炸、炒等熟制工作。

（二）蒸笼

蒸笼（见图3-2-2）是用竹篾、木片、铝皮等制成的

图3-2-1 锅

蒸食物用的器具，起源于汉代，是中国饮食文化的代表性器具。其中，竹蒸笼以原汁原味，蒸汽水不倒流，蒸出的食物色、香、味俱佳而被广泛使用。

图3-2-2 蒸笼（左为竹篾所制，右为铝皮所制）　　　　图3-2-3 笊篱

（三）笊篱

笊篱（见图3-2-3）是一种发源于中国的传统烹饪器具，用竹篾、柳条、铅丝等编成，现多用铁和不锈钢制成。笊篱像漏勺一样布满孔隙，烹饪时用来捞取食物，使被捞的食物与汤、油分离。

（四）筷子

筷子（见图3-2-4）是持放在手中，

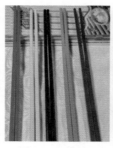 

图3-2-4 筷子　　　　　　　图3-2-5 勺子

用于夹取食物或其他东西的细长条棍，可由竹、木、骨、瓷、金属、塑料等材料制作，横截面或方或圆，多用作餐具。

（五）勺子

勺子（见图3-2-5）是一种喝汤或盛饭用的工具。

（六）手勺

手勺（见图3-2-6）是炒菜时用以翻拨原料，煮饭时搅米、起饭的工具，一般以熟铁、不锈钢或铝材等制成。

图3-2-6 手勺

二、案台工具

案台工具包括案板、粉筛、擀面杖、面刮板、粉帚、馅尺板、刷子、不锈钢食品夹、模具、厨刀、烤盘、耐热手套和分蛋器。

（一）案板

案板（见图3-2-7）是制作面点食品的工作台板，多为长方形。

图3-2-7 案板

案板可分为不锈钢案板、塑料案板和木质案板。不锈钢案板台面光滑洁净、美观大方，传热性能好，是制作裱花、蛋糕、巧克力、糖卷等的理想工作台；塑料案板质量较轻、携带方便，多以聚乙烯、聚丙烯等材料制成，抗腐蚀性强，不易损坏；木质案板密度大、韧性好且比较坚固，食物放在木质案板上保鲜作用好，不易变质，水分也不易流失。

使用案板后，一定要彻底清洗干净。一般情况下，要先将案板上的粉料清扫干净并用水刷洗后，再用湿布将案面擦净。如果案板上有较难清除的附着物，切忌用刀具用力刮或铲，最好用水泡软后再清除。

（二）粉筛

粉筛（见图3-2-8）是一种用来将粉中的粗细颗粒分开的筛子。

图3-2-8 粉筛

（三）擀面杖

擀面杖（见图3-2-9）是一种烹饪工具，呈圆柱形，多为木制，用来在平面上滚动，挤压或捻压面饼、面团等可塑性食品原料（直至压薄），是制作面条、饺子皮、

图3-2-9 擀面杖

馄饨皮、荷叶饼等不可缺少的工具。

擀面杖在我国民间有悠久的使用历史，很久之前就被用作压制面条等面食的工具，一直流传至今。

（四）面刮板

面刮板（见图3-2-10）是一种烹饪工具，主要用于刮粉、和面、分割面团等。

图3-2-10 面刮板

（五）粉帚

粉帚（见图3-2-11）以高粱苗等为原料制成，主要用于清扫案台上的粉料。

（六）馅尺板

馅尺板（见图3-2-12）以木、竹、不锈钢等制成，是一种包食品的工具。

（七）刷子

刷子（见图3-2-13）是一种将刚毛栽于背上而制成的工具，用于扫、刷等。

图3-2-11 粉帚　　图3-2-12 馅尺板

（八）不锈钢食品夹

不锈钢食品夹（见图3-2-14）是选用优质不锈钢一体成型制作的工具，表面光滑，用于夹取糕点、面包、熟食等。

（九）模具

模具（见图3-2-15）是一种制作面食的工具。根据面点品种成型的要求，模具可分为印模、套模、盒模、内模等。

图3-2-13 刷子　　图3-2-14
　　　　　　　　不锈钢食品夹

图3-2-15 模具

（十）厨刀

厨刀（见图3-2-16）是厨师最重要的工具之一，也是一种很个人化的工具。厨刀在食材处理过程中发挥着很重要的作用。孔子曰："割不正，不食。"换句话说，刀若不利，其割不正，则鲜不能出、味不能入、镬气不能足，做出的食物就不美味。

图3-2-16 厨刀

（十一）烤盘

烤盘（见图 3-2-17）是盛装烘焙食品和肉食品进行烤制的盘子。

（十二）耐热手套

耐热手套（见图 3-2-18）又称耐高温手套、高温手套等，可在较高的温度下间断穿戴，具有防火、耐热、安全、灵活、防穿刺等作用。

（十三）分蛋器

分蛋器（见图 3-2-19）是一种快速分离蛋黄与蛋清的厨具。

图 3-2-17 烤盘

图 3-2-19 分蛋器

图 3-2-18 耐热手套

第四章

主食制作技术

第一节　制　馅

所谓制馅，就是用各种不同的原料，经过精细拌制和熟制过程，制作出形式多样、美味可口、能包入其他食材内的芯料，是制作面点中一项重要的工艺。

馅也称馅料、馅心，其种类繁多，按口味可分为咸馅、甜馅两大类，按生熟可分为生馅和熟馅两大类。

一、咸馅

咸馅多以动物性食物、豆制品、水产品和蔬菜为原料。其中，蔬菜类按"一择二洗三切配"的要求，分择拣、清洗、切配三个步骤制作馅料；食用菌类需要经水泡发，洗净泥沙杂质，切碎后使用；肉类一般选用有一定脂肪含量的部位，肌肉中的纤维要细而软；鱼类应选用刺较少的鱼，需去皮、去骨，砸成泥状使用；豆腐、粉丝、海带丝等需要切碎后使用。

按面点成品要求，需要将原料制成不同的丁、粒、片、丝、末、蓉、泥等。肉馅要剁得细碎或切成丁；蔬菜的加工除了要求细碎外，还要大小一致。有的馅料只切不剁，如韭菜、葱等；有的馅料只能用刀背斩，如虾蓉馅。

（一）分类

常见的咸馅可分为生咸馅和熟咸馅。用生咸馅可以制作出多种别具风味的面点，生咸馅按性质可分为荤馅和素馅两大类。熟咸馅主要有两种制法：一种是将生料剁碎成泥，炒熟后加调料调和而成；另一种是将烹制好的熟料切丁、切末调拌而成。

（二）馅心实例

1. 猪肉馅

猪肉馅如图 4-1-1 所示。

猪肉馅的原料和制作方法如下：

（1）原料：猪夹心肉 500 g，酱油 50 g，花生油或花椒油 30 g，花椒水 200 g，盐、葱末、姜末、香油、鸡精适量。

（2）制作方法：猪夹心肉用刀或绞肉机绞成泥，加入酱油调匀后，加花生油或花椒油，再分次加入花椒水搅拌均匀（搅拌时要朝一个方向搅拌）。最后放适量盐、葱末、姜末、香油、鸡精，调匀即可。

图 4-1-1 猪肉馅

2. 牛肉馅

牛肉馅如图 4-1-2 所示。

牛肉馅的原料和制作方法如下：

（1）原料：牛肉 500 g，酱油 75 g，花椒油 50 g，花椒水 300 g，盐、葱末、姜末、香油、鸡精适量。

（2）制作方法：将牛肉切成小块放入清水中，浸泡至血

图 4-1-2 牛肉馅

水出，除去筋络，用刀剁细，放入酱油搅匀，加花椒油，再分次加入适量的花椒水，最后依次放入适量盐、葱末、姜末、香油、鸡精，拌匀备用。

注意，牛肉馅中不能加韭菜，因为牛肉的膻味与韭菜的辣味相混，易产生恶味，且不易被人体消化吸收。

3. 羊肉馅

羊肉馅如图 4-1-3 所示。

羊肉馅的原料和制作方法如下：

（1）原料：净羊肉 500 g，韭黄 250 g，姜末 50 g，葱末 50 g，花椒粉 5 g，鸡蛋 2 个，精盐 5 g，胡椒粉 3 g，料酒 15 g，酱油 20 g，香油 25 g，花生油 25 g。

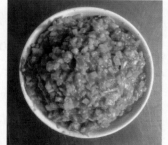

图 4-1-3 羊肉馅

（2）制作方法：将羊肉洗净，剁成细粒；韭黄洗净，切细末；花椒用开水泡成花椒水；鸡蛋打成鸡蛋液。羊肉末用姜末、葱末、精盐、胡椒粉、料酒、酱油、花椒水、鸡蛋液拌匀，再加入香油、花生油拌匀，最后加入韭黄末和匀即成。

4. 鱼肉馅

鱼肉馅如图 4-1-4 所示。

图 4-1-4 鱼肉馅

鱼肉馅的原料和制作方法如下：

（1）原料：鱼肉 500 g，肥肉膘 80 g，盐 25 g，鸡精 2 g，蛋清（取自 4 个鸡蛋），韭菜 300 g，香油 25 g，花椒水 300~500 g。

（2）制作方法：将新鲜的鱼去刺、去皮后洗净，与肥肉膘一起剁成细泥或肉蓉，加入盐、蛋清和鸡精，再分次加入花椒水并顺时针搅拌，最后放入切碎的韭菜和香油，拌匀备用。

5. 猪肉灌汤包馅

猪肉灌汤包馅如图 4-1-5 所示。

猪肉灌汤包馅的原料和制作方法如下：

（1）原料：猪肉 450 g，肉皮 120 g，酱油 50 g，盐 10 g，水 85 g，香油 20 g，鸡精 5 g，姜末、葱末、骨头汤、南酒适量。

图 4-1-5 猪肉灌汤包馅

（2）制作方法：将猪肉剁成肉末，加入姜末、葱末、酱油、盐、水搅拌均匀，再加入香油、鸡精，调成肉馅备用；用骨头汤将洗净后切成条的肉皮加酱油、盐煮透，晾凉，绞成泥，再加入适量姜末、葱末、南酒，小火煮好后，过滤倒在不锈钢盘内冷却成肉皮冻，冷藏备用。包制时，每个肉包内放一块切成 0.8 cm 见方的肉皮冻丁即可。

6. 虾肉馅

虾肉馅如图 4-1-6 所示。

虾肉馅的原料和制作方法如下：

（1）原料：虾仁 100 g，猪五花肉 500 g，盐 10 g，南酒 20 g，糖 15 g，胡椒粉 1 g，姜末 1 g，葱末 2 g，花椒水 200 g，香油 10 g，蛋清（取自 2 个鸡蛋）。

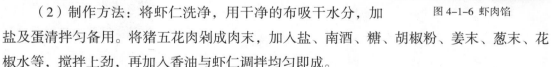

图 4-1-6 虾肉馅

（2）制作方法：将虾仁洗净，用干净的布吸干水分，加盐及蛋清拌匀备用。将猪五花肉剁成肉末，加入盐、南酒、糖、胡椒粉、姜末、葱末、花椒水等，搅拌上劲，再加入香油与虾仁调拌均匀即成。

7. 猪肉白菜馅

猪肉白菜馅如图 4-1-7 所示。

猪肉白菜馅的原料和制作方法如下：

（1）原料：猪肉 250 g，酱油 50 g，姜末 10 g，水发粉条 200 g，花生油 50 g，盐 15 g，白菜 1000 g，鸡精 5 g。

（2）制作方法：将猪肉切成小丁，用酱油、姜末拌匀和好；粉条放沸水锅中煮一下，捞出剁碎；白菜择洗干净后切碎。将

图 4-1-7 猪肉白菜馅

以上原料混合，再加入花生油、盐、鸡精，调拌均匀即可成馅。

8. 三丝馅

三丝馅如图4-1-8所示。

三丝馅的原料和制作方法如下：

（1）原料：干香菇50 g，猪后腿肉500 g，冬笋100 g，淀粉适量，葱末和姜末合计30 g，香油20 g，盐10 g，南酒30 g，鸡精5 g。

图4-1-8 三丝馅

（2）制作方法：将干香菇用冷水浸泡后，去根切丝；猪后腿肉切丝，加少许淀粉上浆；冬笋切丝。炒锅放油加热，将葱末、姜末煸香，加入肉丝煸炒，再加香菇丝、冬笋丝煸炒，加南酒、盐、鸡精炒拌，勾芡，再加香油后出锅即成。

9. 鲜肉糯米馅

鲜肉糯米馅如图4-1-9所示。

鲜肉糯米馅的原料和制作方法如下：

（1）原料：糯米500 g，猪五花肉100 g，葱末和姜末合计30 g，料酒20 g，酱油60 g，植物油100 g，猪油100 g，胡椒粉5 g，盐10 g，糖20 g，鸡精2 g，水400 g。

（2）制作方法：将糯米洗净，用冷水浸泡12 h，取出沥去水分，放入笼内蒸熟，冷却后备用；将五花肉切成小丁，爆锅（锅内倒油，待油温升至五至六成热时，放入葱姜末煸炒出

图4-1-9 鲜肉糯米馅

香味），放入五花肉丁煸炒，再加入料酒、酱油、盐、糖、水等烧开，然后加入胡椒粉、鸡精、猪油调和，最后倒入蒸好的糯米中拌匀即成。

10. 清素馅

清素馅如图4-1-10所示。

清素馅不使用动物油，也不加任何荤料，以季节性蔬菜和干菜为主，制作方法是将蔬菜或干菜（既可用一种蔬菜或多种蔬菜配合使用，也可将蔬菜和干菜配合使用）改刀切成粒或小丁，直接加入植物油、香油、姜末、盐、鸡精，拌匀成馅。

下面介绍一种清素馅的原料和制作方法：

（1）原料：豆腐干500 g，水发粉条250 g，菠菜1000 g，

图4-1-10 清素馅

香菇150 g，笋250 g，水发木耳100 g，花生油50 g，香油30 g，鸡精2 g，盐15 g，酱油30 g。

（2）制作方法：豆腐干切成黄豆大小的丁，锅内加花生油烧热，将豆腐干炒至外层略起黄壳；粉条用热水泡透、剁碎；菠菜洗净，用开水一余，过凉、切碎，沥去水分；香

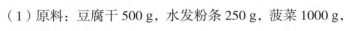

菇用热水泡透、洗净，去根切碎；笋切成丁；木耳去掉根切碎。将以上各种原料混合，加花生油、香油、鸡精、盐、酱油，拌匀即成。

11. 花素馅

花素馅如图 4-1-11 所示。

花素馅的原料和制作方法如下：

（1）原料：鸡蛋 4 个，豆腐干 50 g，海米 100 g，青菜 500 g，粉丝 100 g，水发木耳 50 g，香油 30 g，鸡精 5 g，葱末和姜末合计 30 g，花生油 50 g。

（2）制作方法：将鸡蛋打入碗内搅匀，锅内加花生油烧热，放入鸡蛋炒熟后打碎；豆腐干切碎，用花生油煸炒；海米用温水泡透，改刀切碎；青菜焯水（有的不需要焯水），沥干水分后切碎；粉丝用开水泡透剁碎；发好的笋切碎；木耳泡好、洗净、切碎。将以上各种原料混合，加香油、鸡精、葱末、姜末、花生油，拌匀即成。

图 4-1-11 花素馅

二、甜馅

（一）分类

甜馅以糖为基本食材，外加各种水果、干果、果仁、果脯、蜜饯等作为配料，相互搭配使用，采用多种方法制成馅心。按其制法特点，甜馅可分为泥蓉馅、果仁蜜饯馅和糖馅三大类。

（1）泥蓉馅：泥蓉馅是利用植物的果实与种子等作为主要原料，经加工成泥蓉后，再加入糖、油炒制成馅心，其特点是馅料细软，带有不同果实的香味。

（2）果仁蜜饯馅：果仁蜜饯馅主要以干果、蜜饯、果仁等加工成的碎料为主，再加入适量的糖、油拌制成馅心，其特点是馅心松爽香甜，具有果料的特殊香味。

（3）糖馅：糖馅是以糖为主料，与其他配料拌和而成的一种甜味馅心。调制糖馅时，一般需加入适量的熟面粉，其作用是避免纯糖加热后融化成液体，吃时易出现糖液外溢而烫嘴的现象。

（二）馅心实例

1. 红糖馅

红糖馅如图 4-1-12 所示。

红糖馅的原料和制作方法如下：

（1）原料：红糖 500 g，熟面粉 150 g。

（2）制作方法：红糖加熟面粉拌匀即可。

图 4-1-12 红糖馅

2. 黑芝麻馅

黑芝麻馅如图 4-1-13 所示。

黑芝麻馅的原料和制作方法如下：

（1）原料：黑芝麻 250 g，生板油 625 g，白糖 750 g。

图 4-1-13 黑芝麻馅

（2）制作方法：将黑芝麻淘洗干净，然后用小火炒熟，碾压成细末，再将生板油绞成蓉，与黑芝麻细末混合，最后加入白糖调匀即成。

3. 豆沙馅

豆沙馅如图 4-1-14 所示。

豆沙馅的原料和制作方法如下：

（1）原料：红小豆 500 g，植物油 150 g，白糖 500 g，桂花酱 100 g。

图 4-1-14 豆沙馅

（2）制作方法：将红小豆洗净，加水蒸熟或煮熟，取出晾凉。用铜筛擦制熟红小豆，去皮出沙，盛入布袋内压去水分，制成豆沙蓉。锅内加入植物油，加白糖及少量豆沙蓉，炒至白糖融化后，再倒入全部豆沙蓉，用小火不断翻炒，至豆沙蓉中的水分蒸发、浓稠不黏时，加入桂花酱翻炒均匀即成。

4. 枣泥馅

图 4-1-15 枣泥馅

枣泥馅如图 4-1-15 所示。

枣泥馅的原料和制作方法如下：

（1）原料：红枣 500 g，植物油 150 g，白糖 250 g。

（2）制作方法：将红枣去核洗净，加水蒸或煮至酥烂，放筛子中擦，去皮成蓉；锅中放入植物油，加糖、枣蓉，小火炒，炒至不沾手上劲即成。

5. 莲蓉馅

图 4-1-16 莲蓉馅

莲蓉馅如图 4-1-16 所示。

莲蓉馅的原料和制作方法如下：

（1）原料：通心莲 500 g，白糖 750 g，猪油 150 g，植物油 80 g。

（2）制作方法：将通心莲加水，放入笼内蒸至酥烂，过筛制成莲蓉。将制成的莲蓉放入锅内，加白糖用大火煮沸后改用中火，边煮边用锅铲炒拌，直至莲蓉上劲，再边加油边炒至呈金黄色即可。

6. 枣仁馅

枣仁馅如图 4-1-17 所示。

枣仁馅的原料和制作方法如下：

（1）原料：红枣 500 g，核桃仁 100 g，生板油 700 g，白糖 600 g。

图片 4-1-17 枣仁馅

（2）制作方法：将红枣去核洗净，剁成细末；将核桃仁用温油炸至金黄色，捞出剁碎；将生板油去膜后绞成蓉。以上原料与白糖一起调和即成。

7. 五仁馅

五仁馅如图 4-1-18 所示。

五仁馅的原料和制作方法如下：

（1）原料：核桃仁 150 g，花生仁 200 g，瓜子仁 100 g，松子仁 100 g，芝麻仁 150 g，绵白糖 500 g，熟面粉 300 g，植物油 50 g，青红丝 50 g，玫瑰酱 50 g。

（2）制作方法：将核桃仁、花生仁、瓜子仁、松子仁、芝麻仁放入烤盘内，烤至金黄取出，压碎，然后加入绵白糖、植物油、青红丝和玫瑰酱进行调拌，最后加入熟面粉调和均匀即成。

图片 4-1-18 五仁馅

8. 黑芝麻白糖果仁馅

黑芝麻白糖果仁馅如图 4-1-19 所示。

黑芝麻白糖果仁馅的原料和制作方法如下：

（1）原料：黑芝麻 520 g，瓜子仁 80 g，松子仁 80 g，核桃仁 80 g，白糖 2500 g，植物油 220 g，盐 40 g，熟面粉 800 g。

（2）制作方法：将黑芝麻、瓜子仁、松子仁、核桃仁炒熟，碾压成碎末，再加入白糖、植物油、盐、熟面粉，调拌均匀即成。

图 4-1-19 黑芝麻白糖果仁馅

第二节　面　团

　　面团是面粉和其他成分的混合物，具备足够的硬度以供揉捏或卷绕等，对面点的色、香、味、形都有重大影响。面团主要有水调面团、膨松面团、油酥面团、米粉面团和其他面团（见图4-2-1）。

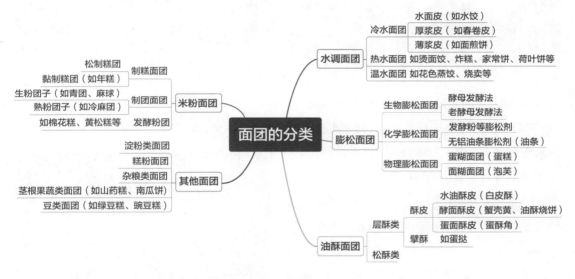

图 4-2-1　面团的分类

　　面团调制对面点的制作意义重大，好的面团便于面点成型，能增强粉料的特性，保证成品质量，还可丰富面点的品种。

一、水调面团

　　水调面团是用水与面粉拌和揉搓而成的面团，又称"死面""呆面"。水调面团制品在日常制作的面点中占有相当大的比例，如水饺、面条、馄饨、春卷、花色蒸饺、家常饼等。

　　水调面团主要是以水和面，因面粉与水结合形成致密的结构，所以面团质地硬实无空洞，不会膨胀疏松，且具有良好的延伸性和可塑性。水调面团制品口感爽滑，耐饥性较强，性韧而柔软，制作时皮薄而不易破碎，能够充分包住馅心中的卤汁。

　　水温不同，对面粉中蛋白质和淀粉引起的变化也不同。同样的道理，用不同的水温来调制面团，可调制出不同性质的面团。水调面团常用冷水、温水、热水三种不同温度的水来调制。

（一）冷水面团

冷水面团是用 30 ℃左右的冷水与面粉调制而成的面团，适用于制作煮、烙、煎的食品。根据和面时所用水量的多少，冷水面团一般又分为水面皮（可用于制作水饺）、厚浆皮（可用于制作春卷）、薄浆皮（可用于制作面煎饼）三种类型。

对冷水面团的质量要求是有弹性、韧性强、组织均匀、表面光洁，调制步骤为：下粉→分次掺水、抄拌→揉面→醒面→成团（见图 4-2-2 至图 4-2-5）。

图 4-2-2 下粉　　　图 4-2-3 分次掺水、抄拌　　　图 4-2-4 揉面　　　图 4-2-5 成团

调制冷水面团的注意事项有以下几点：

（1）和面时要根据气候条件调制，比如夏天气候潮湿，掺水量可少些；冬天气候干燥，掺水量可多些；雨天气候潮湿，掺水量可少些；晴天气候干燥，掺水量可多些。

（2）注意面粉质量，比如干爽精细的面粉掺水量可多些，潮湿粗糙的面粉掺水量可少些。

（3）按成品要求来掌握掺水比例，比如成品要求软的掺水量可多些，成品要求硬的掺水量可少些。

图 4-2-6 揉匀搓透之前（左）和之后（右）的冷水面团

（4）无论掺水量多少，都要分次掺入。第一次掺水量为总量的 60%~70%，第二次掺水量为总量的 20%~30%，第三次掺水量为总量的 10%。分次掺水是为了防止面粉在短时间内吸收不了水分而使水分外溢，影响面团的调制。

（5）面团要揉匀搓透（见图 4-2-6），达到要求的"三光"卫生标准，即面光、手光、盆光。

（6）醒面时盖上湿布，以防脏物落入和结皮。醒面时间一般需 10~30 min，有的可长达 2 h 左右。

（二）温水面团

温水面团是用 50 ℃左右的温水与面粉调制而成的面团，适用于制作蒸、煎的食品。

由于采用温水调制，面粉中的蛋白质、淀粉刚刚开始糊化，与水结合形成面筋的能力降低，所以温水面团的特点是色白而有一定韧性和筋力，富有可塑性，做出的成品不易走样，适合做成要求高的制品，如花色蒸饺、烧卖等。

对温水面团的质量要求是面团组织均匀，有一定的韧性和筋力，有可塑性、延伸性，调制步骤为：下粉→掺温水、搅拌→散热气→揉面→成团（见图 4-2-7 至图 4-2-9）。

调制温水面团的注意事项有以下几点：

图 4-2-7 下粉

图 4-2-8 掺温水、搅拌

图 4-2-9 成团

（1）水温要掌握准确，一般以 50 ℃左右为宜。水温过高会引起淀粉大量糊化和蛋白质明显变性；水温过低会引起淀粉膨胀程度降低。与淀粉相比，蛋白质受水温的影响较小。但是，无论水温过高还是过低，都达不到温水面团的质量要求。

（2）必须根据成品要求正确掌握加水量，否则会影响面皮的质感。可根据不同情况灵活掌握加水量。

（3）掺水成团后，面团有一定温度，所以必须将热气散尽，否则会影响成品的质量。

（4）热气散尽后，将面团揉成团，加盖湿布或保鲜膜，静置片刻，待面团松弛柔润后再制作成品。

（三）热水面团

热水面团也称烫面或开水面，是用 80 ℃以上的热水与面粉调制而成的面团，适用于制作蒸、煎、炸、烤的食品。

图 4-2-10 成型前（左）和成型后（右）的三生面团

热水面团可以分为半烫面团和全烫面团两种。半烫面团是根据制品的特点要求，把面粉一部分用热水烫制后，另一部分用冷水调制，待热水面团散尽热气后，将两块面团掺在一起揉和均匀。食品行业中俗称的"三生面"就是用制作半烫面团的方法调制的。所谓"三生面"就是在十成面粉中，用热水烫面七成，用冷水调制三成，然后揉和成面团（见图 4-2-10）。全烫面团是把面粉全部用热水烫制得到的面团。

对热水面团的质量要求是面团组织均匀，口感柔、糯，调制步骤为：

（1）全烫面团：下粉→加热水、搅拌→散热气→揉面→成团。

（2）半烫面团：下粉→加热水、搅拌→散热气→揉面（热水面团），下粉→加凉水→抄拌→揉搓（冷水面团），将热水面团和冷水面团揉和成团，成为"三生面团"。

调制热水面团的注意事项有以下几点：

（1）掺水要均匀。面粉放在盆内或案板上，用热水浇烫面粉时要均匀，边浇水边搅拌，浇水要浇在干粉处，水浇完面也搅匀。操作速度要快、要利落，这样才能把面烫熟、烫透，不夹生，否则制品成熟后，里面会有白茬，表面也不光滑。

（2）加水要准确。热水面团的加水量比冷水面团和温水面团要多，一般是 500 g 面粉加水 250~400 g，个别情况需要加到 700~800 g。加水量要做到严格、准确，一次加足，绝不能等面团调好后再加水调整软硬度，这样面团达不到质量要求。

（3）面粉成团后，要掰开散发热气，洒冷水后再进行揉团。若热气未散尽，则做出的成品不但结皮、表面粗糙，而且口感不糯且粘牙。

（4）热水面团只要揉匀揉透即可，不必多揉和长时间醒放，否则面团易起筋，失掉烫面的特点，影响成品的质量。

二、膨松面团

膨松面团就是在面团调制过程中加入适量的辅助原料或采用适当的调制方法，使面团发生化学、物理反应和自然变化，产生或包裹大量气体，通过加热气体膨胀使制品膨松，呈海绵状结构。调制膨松面团的方法主要有生物膨松法、化学膨松法和物理膨松法三种。

图 4-2-11 向面团中加入酵母

（一）影响面团发酵的因素

影响面团发酵的因素主要有面粉的质量、酵母的发酵力及用量（见图 4-2-11）、加入水的量（见图 4-2-12）、温度的高低、发酵的时间等。

（1）面粉的质量。面粉的质量方面，影响面团发酵的主要是面粉中面筋蛋白质、淀粉酶和麸皮的含量。

（2）酵母的发酵力及用量。酵母的最适作用温度是 25~30 ℃，如果面团发酵温度过低，则生产周期会

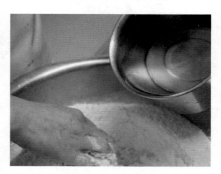

图 4-2-12 面团加水

延长；如果面团发酵温度过高，虽然能缩短发酵时间、加快发酵速度，但也会加强酶的活性，使面团的持气性变劣。此外，温度过高会促进杂菌的生长，如乳酸菌的最适生长温度

为 37 ℃，醋酸菌的最适生长温度为 35 ℃，等等。

（3）加入水的量。发酵面团加水量的多少也会影响其发酵特性。在一定范围内，面团中加水越多，酵母芽孢繁殖越快，反之则越慢。

（4）温度的高低。温度是影响酵母菌活动的主要因素。在面团发酵过程中，酵母菌的最适温度一般为 25~30 ℃，这是因为酵母菌在 0 ℃以下会失去活动能力；在 0~15 ℃时繁殖缓慢；在 25~30 ℃繁殖最好，发酵速度也最快；温度超过 60 ℃时酵母菌死亡，面团发酵也将停止。

四季气候不同，调面时水的温度也可适当调节，如夏季用冷水，春秋季用温水，冬季用温热水，但很重要的一条就是不能用 60 ℃以上的热水，更不能用沸水。

（5）发酵的时间。在其他因素确定以后，发酵时间就成了对面团发酵有重要影响的因素。发酵时间过长，发酵过度，则面团质量差、酸味大，弹性也差，制成品带有"老面味"，呈瘫软塌陷状态；发酵时间过短，发酵不足，则面团不胀发、色暗质差，也会影响成品的质量。因此，准确掌握发酵时间是十分重要的。一般来说，确定发酵时间要先看酵母的数量和质量，再参照气温、水温而定。夏天发酵时间可以短一些，冬天发酵时间可以长一些。

（二）发酵面团的质量标准

发酵面团的质量标准是面团发酵得恰到好处。判断面团发酵质量好坏的方法有以下几种：

（1）目测法：面团发酵到一定时间后，如果是已经达到发酵完成状态的面团，其体积会比未发酵之前的面团大两倍左右。

图 4-2-13 拉扯面团，观察里面气泡的大小和多少、拉出的膜和网的厚度

（2）手触法：用手指轻轻按压面团，手指离开面团后，按下的坑能慢慢鼓起，因为发酵成熟的面团有适宜的弹性和柔软的伸展性。

（3）嗅觉法：发酵成熟后的面团略带酸味和酒香气。

（4）拍打法：用手拍打发酵好的面团时，触感就会很膨松，拍打时声音会很"空"（"嘭嘭"作响）。

（5）拉扯法：用手拉扯面团，观察里面气泡的大小和多少，观察拉出的膜和网的厚

图 4-2-14 发酵不足的面团

度。如果面团内部呈囊状，就提示发酵成熟了（见图4-2-13）。

面团发酵质量不好主要有发酵不足和发酵过度两种情况。

（1）发酵不足：发酵不足的面团（见图4-2-14）表现为面团没发起，既不胀发也不松软，用手抚摸面团感觉发板，没有弹性，带有硬度；用手按面团，按下的坑不能鼓起；切开面团无空洞，闻不到酸味和酒香气味。这样的面团是不能制作成品的，要延长时间继续发酵。

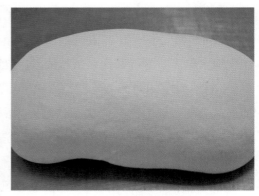

图4-2-15 发酵过度的面团

（2）发酵过度：发酵过度的面团（见图4-2-15）表现为非常软塌，严重的可呈糊状；用手按压面团不鼓起；拉扯面团无筋丝，严重的可像豆腐渣样散开；面团酸味强烈，甚至呛鼻。这样的面团不但不能用来制作成品，也不能用作面肥。

三、油酥面团

油酥面团是用油和面粉作为主要原料调制而成的面团，具有体积膨松、色泽美观、口味酥香、富有营养、制作工艺精细的特点。油酥面团可用于制作白皮酥、杏仁酥、菊花酥饼、千层酥、油酥烧饼等。

按照制作方法，油酥面团可分为水油面皮和干油酥，水油面皮是用面粉加油和水调制而成的面团，干油酥是用面粉和油拌匀擦制而成的面团（见图4-2-16）。按照面团的性质，油酥面团可分为层酥和单酥，层酥是用水油皮包上干油酥而成；单酥又叫硬酥，由油、糖、面粉、化学膨松剂等原料制成，具有酥性但没有层，从性质上看属于膨松面团。

图4-2-16 油酥面团的制作过程

四、米粉面团

米粉面团是在米粉中加入适量的浆水和其他物料，采用不同的操作工艺调制而成的面团（见图4-2-17）。米粉面团制品在我国的面点制作中占有重要地位。从面点发展的历史看，米粉类制品出现的时间比麦粉类制品要早，特别是我国南方盛产稻米的省份，米粉面团制品种类繁多，如各种糕团、米粉、船点等，备受当地人喜爱。

米粉面团的特点是使用广泛，时令季节性强，品种丰富，形态多样，有咸有甜，有干有湿，有冷有热，既有日常生活中的大众面点，也有宴席上形象逼真、做功精细的高档面点。

图 4-2-17 米粉面团的制作过程

米粉面团可分为制糕面团、制团面团和发酵粉团，制糕面团又可分为松制糕团和黏制糕团，制团面团又可分为生粉团和熟粉团。

五、其他面团

其他面团种类繁多，除前面讲的四种面团外，其他的面团都可以归属此类，如淀粉类面团、糕粉面团、杂粮类面团、根茎果蔬类面团、豆类面团、蛋和面团、鱼虾蓉面团，还有果冻、汤羹类面团等。平时使用较多的有淀粉类面团、杂粮类面团和汤羹类面团，其制品具有独特的风味。

其他面团的特点是用料丰富，花色繁多，季节时令性较强，口味能突出用料特点，别有风味，能适应不同地区、不同季节、不同场合的需要，并能进行灵活调节。

第三节　成型技法

成型技法是面点工艺中一项重要的基本功，是面点制作的重要组成部分。不同的面点具有不同的成型技法，如搓、卷、包、捏、抻、切、削、拨、擀、叠、摊、剜、按、滚沾、钳花等。

一、搓

搓是比较简单的成型技法，是面点加工的基本动作之一，一般适用于制作馒头、面包等。搓可分为单手搓（见图4-3-1）和双手搓（见图4-3-2）两种。

（1）单手搓：单手搓时（如搓馒头）先取一只剂子，左手轻轻握住剂子，右手掌跟压住剂子一端的

图4-3-1 单手搓

底部向前搓揉，使剂子头部变圆，尾部变小，最后剩下一点塞进剂子底部。搓完后，剂子尾部朝下，立放在案板上即可。

（2）双手搓：双手搓是两手同时取两只剂子，分别用掌根压住剂子，手指向内送入面团，再用手掌向外搓揉，做圆周运动。

无论单手搓还是双手搓，最终都是将面团揉成表面光滑、质地紧密的生坯，不但美观，吃时还略带甜味。如需进行面包坯的搓圆操作，可将剂子放在案板上，手呈凹形扣在剂子上，向同一方向转动滚圆，使面团形成一层光滑的表皮。可单手操作，也可双手操作。

图4-3-2 双手搓

搓法操作的注意事项如下：

（1）只有多搓揉透，使生坯表面光洁，没有裂纹和面褶，内部结构组织变得紧密，才能使加热成熟的制品柔润光洁。

（2）搓褶处搓得越小越好，搓完后，要将剂子的尾部朝下，摆放端正。

（3）制品形态要大小一致、分量均匀。

二、卷

卷（见图4-3-3）是面点成型的重要方法之一，具体手法较多，如把面团擀成大薄片，抹油、撒盐后卷成筒状，下剂子，可以做成有层次的花卷、千层卷等；又如把面团擀成大薄片，铺上一层带色的软馅（如豆沙、枣泥、果酱等），卷成圆筒，切成段，即成为露出馅的螺旋饼，后续可制成鸳鸯卷、蝴蝶卷等；再如油酥面团的包酥，也是通过卷的方法才能制成酥层的各种点心。

图4-3-3 卷

在具体制作过程中，卷可分为单卷法和双卷法两种。单卷法是把面团擀成面片并抹油、撒盐后，将面片从一头卷向另一头，卷成圆筒状，下剂子，根据成品要求成型。

双卷法分为双对卷和双反卷两种。

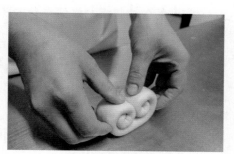

图4-3-4 双对卷

（1）双对卷：面团擀成面片抹油或加馅后，从两头向中间对卷，卷到中心为止（见图4-3-4）。两边要卷得平衡，变为双卷条，接着双手从两端向中间并条，使双卷靠得更紧密一些。并完后翻个，条缝朝下，再用双手顺条，使其粗细均匀，然后切段、竖起，整理成型，蒸熟即成。

（2）双反卷：面团擀成面片后，平铺于案板上，其中一半抹油或放馅，卷到中间翻身；另一半也抹油或放馅，再卷至中间，就成为一正一反的双卷条（见图4-3-5）。切段、竖起，整理成型，蒸熟即成。

图4-3-5 双反卷

卷法操作的注意事项如下：

（1）饼皮制作的厚薄与加放的物料要均匀。

（2）卷时要松紧适度、粗细一致；双卷成型后，两个圆卷要均匀。

三、包

包是将擀好、按好、拍好的外皮包入馅心并使之成型的方法。因制品种类的不同，包也有不同的操作方法：有的是用折叠方法包（卷边），如春卷、粽子、馄饨、银丝卷等；有的是用对折方法包（捏边），如水饺、鸡冠蒸饺、状元饺等；有的是用折出花纹的方法包（提褶），如菊花顶蒸包、月牙蒸饺、秋叶包等；有的是将外皮用收拢的方法包，如烧卖、汤圆、馅饼、各式酥点等。

在具体制作中，根据手法的不同，包法可分为折叠包、对折包、提褶包、收拢包、无缝包等。

（一）折叠包

折叠包主要用于制作春卷、粽子和馄饨。

1. 春卷

春卷的包法是将制好的春卷皮平放在案板上，挑入馅心，放在皮的中下部，将下面的皮向上叠在馅心上，再将两头向中间叠，然后向外卷，在收口处抹一点面糊粘住，成为长条形。春卷的规格一般为长 10 cm、宽 3 cm。包完后，用旺火热油（七至八成热）炸至外壳硬脆、中间鼓起，呈金黄色即成。

2. 粽子

粽子形状较多，如三角形、四角形、菱形等。三角形和菱形粽子的包法相同，即先将两张粽叶合在一起，扭成锥形筒，灌进江米，然后包成三角形或菱形即可。

四角形粽子的包法是先把两张粽叶的尖头对称摆放，重叠三分之二左右，然后折成三角形，放入江米，左手里的粽叶成长方形，右手把没有折完的粽叶往上推，同时把下边的两角折好，再折上边的第四个角，即成四角形粽子。在包四角形粽子时应注意两张粽叶要一正一反，两面都要光洁。

所有的粽子均要用草绳扎紧，如四角粽子需要先用草绳在头部两角处绕两圈，再移向中间绕两圈，左手将粽子调头再绕两圈，两头的草绳碰拢，合在一起一转，绕里塞进去，从另一头拉出拉紧即成。

3. 馄饨

馄饨的包法很多，最常见的为捻团包法（又叫撮形包法），即左手拿一叠皮（一般为梯形或三角形），右手拿尺板，挑一点馅心往皮上一抹，朝内滚卷，包裹起来，抽出尺板，两头一粘，即成撮形馄饨。

另一种包法是将馅心放在 7 cm 见方的坯皮一侧，滚拢一折，再将另一头涂点水或馅心黏合起来，即成蝴蝶形馄饨。

四川地区把馄饨称为"抄手"或"龙抄手"，其包法是用蛋和水和面，压成长方皮，包上馅后，斜角裹两道，露出对角，然后把对角提起，用肉馅贴成"水兜形"，煮好后和专门的调料碟（用芝麻油、味精、红油、酱油、芝麻、芝麻粉、葱花、姜汁等调成）一起上桌食用。

（二）对折包

对折包主要用于包饺子，用这种方法包的饺子肚大边小，形似和尚敲的木鱼，又因边平无纹，故称"平边饺"。具体包法是左手托皮，右手拿上馅尺板放入馅心，把皮的两面对齐合上，双手食指弯曲在下，拇指并拢在上，挤捏皮边，捏成饺子。捏时用力要匀，既要捏紧、包严、粘牢（否则下锅煮时饺子会裂口、露馅），又要防止用力过大把饺子腹部挤破。皮边要小而平。

（三）收拢包

收拢包主要用于制作烧卖，具体包法是左手托皮，右手拿尺板上馅。上馅后，左手五指将皮从四边向上拢起，托在馅以上，从腰部包拢，稍稍挤紧但不封口，在上端可见到馅心。包好的烧卖下面圆鼓，上面呈花边，形似石榴。

（四）无缝包

无缝包主要用于制作莲蓉包和汤圆。

莲蓉包的包法是左手托皮，手指向上弯曲，使皮在手中呈凹形，便于上馅。右手用尺板上馅，上馅后稍按平，左手慢慢将口收起，拢向中间，包住收口，成为圆形包子（见图4-3-6）。

图4-3-6 莲蓉包的包法

制作汤圆时，先将米粉面团下剂、搓圆，捏成半球形的空心壳圆皮，中间较厚，边口稍薄，形似小碗（俗称"捏窝子"），然后包入馅心，把口收拢、收小，包住封口，放在掌心搓成圆形或腰圆形即可。要求馅心包在中间，包皮厚薄均匀，包口紧而无缝。

（五）提褶包

提褶包主要用于制作蒸包和馅饼。

1. 蒸包

将剂子擀成圆皮，左手托住坯皮包入馅心，右手拇指、食指沿坯皮均匀折叠推捏，提捏成花形（见图4-3-7）。褶裥可折16~24个折。折叠推捏时，左手乘势往里推动，折捏拢后提起，捏紧封口（也有不封口的），即成为圆形且均匀美观的褶裥包子。

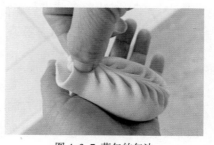

图4-3-7 蒸包的包法

2. 馅饼

包馅饼的方法与包大包和小笼蒸包基本相同，只是在包好以后需要用手掌按压成厚薄均匀的扁圆饼形。

包法操作的注意事项如下：

（1）制品坯皮厚薄要均匀。

（2）上馅量适当，包口要严，以防馅心沾在坯皮边沿上，收口包不住，成熟时破裂、露馅，影响成品质量。

图 4-3-8 捏

四、捏

在面点成型技法中，捏是比较复杂、花色较多的一种（见图 4-3-8）。捏法在面点制作中运用广泛，很多面点品种在用其他技法成型后，还需采用捏的方法最后定型。如著名苏州船点的制作，捏就是主要的成型手段。

在面点制作中，捏法可分为挤捏、推捏、叠捏、扭捏、花捏等。

（一）挤捏

挤捏就是将坯皮的边捏合在一起，一般用于水调面团的包馅品种的制作，如水饺等。挤捏是捏法中最简单的一种，其操作要领是左手托皮，右手上馅，将坯皮的边沿部位合拢对齐，双手食指弯曲在下，拇指并拢在上，用力挤捏坯皮的边沿部位使其黏合。操作时应注意坯皮边沿要对齐，挤捏要紧，不能露馅；包馅部位不能挤压，以防影响制品形态。

（二）推捏

推捏是在挤捏的基础上继续进行的一种捏法，主要目的是将挤捏后的坯皮边沿推捏上一定的花纹。推捏的操作手法是：上馅后左手托住生坯，右手拇指和食指捏住皮坯边沿向前推捏，这样连续地向前进行就形成了完整的花边，如双边或单边推捏形成金鱼饺的背鳍、青菜饺的叶子、知了饺的翅膀等。推捏时应注意，坯皮边沿的花边推捏距离要协调匀称，不能有高有低；用力要适度，不能伤皮破边；花纹要清晰、美观。

（三）叠捏

叠捏又称折捏，是制作有洞眼的花色饺的基本手法。如制作鸳鸯饺时，把坯皮两边向中间对准，在中间一捏，再把两端的两个口的角叠捏紧，形成左右有两个小孔洞、上下有两个大孔洞的状态即成。

（四）扭捏

扭捏是将坯皮叠合扭捏的成型方法，如制作眉毛酥饺、酥盒等就需要采取扭捏法。扭捏既可使坯皮边沿结合紧密，又可使成品形态美观。扭捏的操作手法是：上馅后将坯皮边沿对齐，左手托住，右手拇指在上，食指在下，拇指把一少部分坯皮边沿向前扭捏，这样反复进行，使其生坯边沿形成如同麻绳样的花边。扭捏时应注意，扭捏面积不可太大，环节掌握要紧而匀，用力要适度，成品形象要美观。

（五）花捏

花捏可用于制作花色饺、花色酥点和船点等。

花色饺是将馅心放在坯皮中心后，先捏一般轮廓，然后右手拇指、食指再运用推捏、叠捏、扭捏、花捏等各种手法，将饺子捏制出花纹或花边，成为各种形状的花色饺，如金鱼饺、九龙玉面饺、白菜饺等。

花色酥点是将馅心放在坯皮中心后，再用各种手法，将酥点捏制出各种形状，如酥饺、酥盒、小鸡酥和海棠酥等。

船点是由米粉面团包入馅心捏制而成的花式点心，据传发源于苏州、无锡水乡的游船画舫之上，故名"船点"，现多用于高级宴席。

五、抻

抻是将面团抻拉成型的方法，一般用于制作拉面和银丝卷等点心。抻既是面点品种的成型方法，又是为某些品种进一步成型奠定基础的加工方法。抻的操作比较复杂，拉面、龙须面、空心面等就是利用抻的技巧而成型的。

在制作中，抻的技法可分为溜条、成条、摺条三个步骤。

（一）溜条

溜条也叫溜面或摔面。溜条的目的是让面团的筋力柔顺而有韧性，粗细均匀，便于出条操作。溜条的手法是：取调好的面团搓成长条形，两手分别握住长条两端，在面板上反复摔

图 4-3-9 溜条

打或两手上下抖动，将面团抻长后再并条，这样反复进行，直到筋顺、粗细均匀即可（见图 4-3-9）。

（二）成条

成条也叫出条、放条，是将溜好的大长条撒上面醭，将两头用左手握住，右手从中间拾起，然后右手腕向外翻转，左手腕向内翻转，使面条拧成麻花状，随之抻拉成长条，两手再同时转回，使拉成的面条散开，然后再一次将

图 4-3-10 成条

两头合起抻拉，直到抻拉成所需粗细（见图 4-3-10）。操作时要连贯、迅速、一气呵成，

两手同时均匀用力，不可硬性抻拉，筋力大时可稍缓缓再抻拉，随抻拉随撒面醭，防止面条粘连。

成条的粗细形态可根据需要决定，常见的有圆条和扁条两种。圆条是利用溜条的面团自身形体，抻拉成型后即为圆条，条形粗细可自己掌握，一般为八扣，龙须面则要十三扣左右；扁条就是在溜条后，根据不同的要求，把圆形长条按扁到一定程度，再抻拉成扁条。

（三）摆条

摆条就是把成条后的面条直接下入开水锅中煮熟的方法，操作程序是将成条后的面条两端用左手握住，右手平放在面条中间，双手提起并抖动，去掉多余的干粉，然后右手向右前方抻拉，左手同时向左下方抻拉，待面条伸长后右手扬起，随后把握在手上的面条撒开，摆进沸水锅中，左手下落至锅沿，右手迅速返回，快速扯断连接左手面头的面条，顺势摆进锅中，将面头捎回即可。抻拉的龙须面、空心面是放在案板上切成段，需用油炸熟，下锅方法不尽相同。

六、切

切是以刀为工具，将坯料分割开使其成型的方法。常见的制成品有刀切面和一些小型酥点等。由于切法的用处不同，行刀技巧也不尽相同，所以切法的具体操作不固定，需要操作者在日常工作中灵活掌握。但是，不论什么制品的切法成型，都应握刀稳、下刀准，成型均匀，不能出现连刀现象（见图 4-3-11）。

图 4-3-11 切

此外，有些成熟后再成型的制品也要用到切的方法，如蛋糕卷、酥排等制品成熟后，须用刀切成圆形、菱形或长方形等，切时需落刀准、下刀快、收刀稳，以保证成品的棱角整齐。

七、削

削是将经加工的坯料，利用特制的工具反复推削，使其成为一定形状的方法。削一般只用于刀削面的成型制作（见图 4-3-12）。

图 4-3-12 削

削的操作方法是将揉成长方形的水调面团（面要硬些，每 500 g 面粉加冷水 150~175 g

为宜，冬增夏减，和好，醒面约半小时）放在左手上，托在胸前，对准煮锅，右手持削面刀（削面刀一般长 25 cm，宽 16 cm，用弯曲钢片制成），手腕灵活用力，眼看着刀，刀对着面，从上往下，一刀接一刀地向前推削面团，削成宽厚基本相等的三棱形面条。面条直接削入锅中，加热煮熟即可。

削法操作的注意事项如下：

（1）刀口与面团持平，削面刀削出返回时不要抬得过高（以最高不超出 3.3 cm 为度）。

（2）第一刀从面团下端中间切开，第二刀从第一刀刀口的上端削出，即削在头一刀的刀口上，逐刀上削。削成的面条以三棱形、宽厚一致、长一点为佳。

八、拨

拨是将较稀软的面团用竹棍拨成一定形态的方法。拨法虽然不是直接使用常用刀具成型，但其性质与刀工成型相似。

拨的操作方法是取调好的稀软面团（一般每 500 g 面粉加水 300 g 以上），放在大碗内，对准煮锅，将碗稍微倾斜，当面团下倾顺碗沿流出时，用竹棍顺着碗沿拨下快流出的面，使之成为两头尖、长约 10 cm 的橄榄条，落入锅内，加热煮熟即可。

拨法操作的要领是操作要快，碗的倾斜角度要合适，使成品形态整齐、大小均匀。

九、擀

擀是手工成型操作的一种，其作用与按相似，只是根据成品的性质和大小形状不同，当按达不到成型要求时，就需借助于擀，将生坯擀压成需要的形态（见图 4-3-13）。

图 4-3-13 擀

擀分为单杖擀和双杖擀两种。单杖擀是用一根擀面杖擀制，比较容易掌握力度，使用比较广泛；双杖擀是用两根擀面杖同时擀制，力度不易掌握，不过操作速度较快。如制作大油饼时，需要先将面团擀成大饼，抹上油或油酥，卷叠成层，收口后再擀成所需的厚薄和形态。每次擀制时，都需推擀多次才能完成。

擀法操作的注意事项如下：

（1）用力要轻而活，前后左右推擀一致，厚度要均匀。

（2）起层制品的擀制成型不能用力过大，以防将层次压死。

（3）面醭用量不能太多，推擀次数越少越好；小型品种尽量一次推擀完成。

十、叠

叠是把剂子加工成薄饼后，抹上油、浆料或馅心等，再折叠起来的方法（见图4-3-14）。叠法制品的形态和大小视要求灵活掌握。叠法也是很多品种成型的中间环节，在此基础上再进一步加工，可制成各种花色的造型和品种。叠法操作的要领是加工的薄饼要厚薄一致，折叠层次必须整齐。

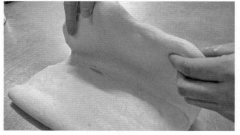

图 4-3-14 叠

十一、摊

摊是将成型与成熟合二为一，成型的同时制品也就成熟了，是一种特殊的成型操作（见图4-3-15）。

按操作方法，摊可分为稀浆摊制法和稀软面团摊制法两种。

图 4-3-15 摊

（一）稀浆摊制法

稀浆摊制法是把原料先加工成稀糊状，舀一些糊浆倒在烧热的平底锅上（根据制品大小决定糊浆的量，制品形体大需多舀一些，制品形体小需少舀一些），迅速用刮子把糊浆刮摊成厚薄均匀的面皮，形状可灵活决定。当刮摊成型后，制品也基本成熟，然后揭下来，趁热叠起。用稀浆摊制法制作的成品有山东煎饼、煎饼果子等。

（二）稀软面团摊制法

稀软面团摊制法是将面粉调成稀软面团，待平底锅烧热后，手拿呈圆形的面团，迅速在平底锅上按摊并提起，使锅底沾上一层面皮，然后迅速揭起面皮即可。用稀软面团摊制法制作的成品有春卷皮等，要注意保持摊制的面皮的温度与湿度，否则待温度降低和干皮后不利于春卷的包馅操作。

摊法操作的要领是糊浆或面团的调制要合适，锅底必须洁净、光滑，摊制时速度要快，厚度要一致。

十二、剞

剞是在加工的生坯制品上用刀划一些有规则、深度一致的条纹，使成品形态各异的操作方法。剞法与烹调中的刀功美化性质相似，主要作用是美化成品形态，使其形象逼真（见

图 4-3-16）。

按照行刀技法，剖法可分为直刀剖和斜刀剖。直刀剖是将刀面与生坯表面成直角，划上有一定深度的刀纹；斜刀剖是将刀面与生坯表面成斜角，划上有一定深度的刀纹，倾斜的角度大小根据形态要求决定。

进行剖法操作时，即便有些成品的某个部位从上至下剖透，也必须有与整体连接的地方，否则就不能称之为剖。

图 4-3-16 剖

剖法操作的要领是行刀要迅速利落，下刀要准确，刀距要均匀；刀纹深浅要视成品的性质特点不同而灵活掌握。以荷花酥为例，剖的长度必须超过三分之二，深度以不露馅而越深越好，否则制品成熟时，花瓣不易翻开，或易出现露馅、跑馅等现象，影响成品质量。

十三、按

按是用手掌或其他平面工具，将制品生坯按压至一定程度，使之呈现不同形态的操作方法，适合加工形体较小的包馅面点等品种（见图 4-3-17）。

图 4-3-17 按

按其操作方法，按法可分为手按和平面工具按两大类。手按适合制作水调面团、油酥面团的包馅品种，这种按法速度快，主要是用手指（多为食指、中指、无名指三指并拢）或掌跟（不能用掌心）将面团均匀按压成饼状，要求按实、按扁、按平。平面工具适合按压淀粉类筋力小的面点品种，如澄粉虾仁饼、澄粉三鲜饼等，可用抹了油的刀面将面团压成不同形态的饼状。

按法操作的注意事项如下：

（1）按压力度要轻柔适当，切不可用力过猛而将馅心挤出。

（2）即便用手按压，制品顶面也必须平整光滑。

（3）膨松面团制品的按压成型要中间稍薄、四周稍厚，以满足成熟时的膨胀程度要求。

十四、滚沾

滚沾是把加工成小型的馅料沾液体后放入各种粉料中，反复摇滚使其沾上一层"外衣"而成为圆形制品的方法（见图4-3-18）。滚沾法比较独特，大多用于元宵的制作。过去制作元宵都是人工手摇，劳动强度大；现在改用机器摇，产量高且质量好。

图4-3-18 滚沾

十五、钳花

钳花是在用其他手法加工成的半成品表面，用花钳或剪刀等工具进一步加工出多种形态的方法（见图4-3-19）。

常使用的花钳有尖锯齿状的，也有圆锯齿状的；有稀齿的，也有密齿的；有平口无齿的，也有钳上带沟纹的。不同的花钳可以形成不同的花样。

图4-3-19 钳花

钳花的方法也是多种多样，有在生坯的边上竖钳或斜钳的，有在生坯的上部斜钳出许多花纹图样的，还有钳出各式小动物的羽、翅、尾纹，以及鱼的鳞片、尾、鳍等。

第四节 成熟方法

成熟是面点制作的最后一道工序，也是十分关键的一道工序。所谓成熟，就是对成型的生坯运用各种加热方法，使其成为色泽、形态、口味等符合面点质量要求的熟制品。成熟的制品更有利于被人体消化吸收。常见的成熟方法有蒸、煮、烤、烙、炸、煎等。

一、蒸

蒸就是把成型的生坯置于笼屉内，架在水锅上，旺火烧开产生蒸汽，在蒸汽的温度作用下成为熟品（见图4-4-1）。蒸是面点制作中运用最广泛、最普遍的一种熟制法，适用范围较广，如制作馒头、包子等。蒸制面点的特点是形态完整，膨松柔软，馅心鲜嫩，口感松软，易被人体消化和吸收。

图4-4-1 蒸

蒸的注意事项如下：

（1）饧发：饧发即饧面，为了使蒸制后的制品为有弹性的膨松组织，凡是酵面、膨松面等制品，在成型后必须静置一段时间进行饧发。饧面的温度、湿度和时间会直接影响饧面的质量。

（2）火候：首先必须将水烧开，绝不能冷水或温水上笼。蒸制时，笼盖必须盖紧，中途不能开盖。蒸制过程中火力不能减弱，蒸汽不能减少，要做到一次蒸熟、蒸透。

（3）加水量：加水量以八成满为准。

（4）生坯摆屉：生坯要求摆放整齐、横竖对直、间距适当（见图4-4-2），使成型的生坯有胀发的空间。

图4-4-2 馒头生坯摆屉

（5）下屉：制品成熟后要及时下屉。成品一按就能鼓起来并有面香味即成熟。

二、煮

煮是将成型的生坯放入水锅中，利用水受热后产生的温度使生坯成熟的熟制工艺，适合制作面条（见图4-4-3）、水饺（见图4-4-4）、汤团、粥等。煮制面点的特点是爽滑、韧性强、有汤液。

煮的注意事项如下：

（1）沸水下锅，水量要多，一次加热下料不宜太多。下料后尽快盖好锅盖，使锅内水温尽快升高，以缩短煮的时间。

图4-4-3 煮面条

（2）生料下锅后应用筷、勺轻轻搅动锅底，防止粘底或互相粘连。

（3）必须使用旺火，水重开时立即加适量冷水，使煮水沸而不腾。

（4）保持锅水清澈，及时加水或换水，以保持制品光滑不黏。

图4-4-4 煮水饺

（5）掌握煮熟的时间，成熟就及时捞出。

三、烤

烤即烘烤，是用各种烤炉或烤箱产生的温度，通过辐射、传导、对流三种热量传递方式，使生坯成熟的方法。烤适合制作面包、点心、烤饼等。烤制面点的特点是外酥内软、色泽金黄、形态美观。

烤制方法可以分为明火烘烤和电热烘烤两种。明火烘烤是利用煤或炭的燃烧而产生的热量使生坯成熟的方法；电热烘烤

图4-4-5 烤

是以电为能源，通过红外辐射使生坯成熟的方法（见图4-4-5）。

烤的注意事项如下：

（1）根据成品要求调好炉温。

（2）将烤盘刷干净，把生坯整齐码放入烤盘中，然后将烤盘连同生坯放入烤箱内。

（3）根据火力和烤制时间，准时出炉。

四、烙

烙是把成型的生坯摆放在平底锅中，通过金属传导热量使成品成熟的一种熟制方法。烙适用于各种饼类面点的熟制，如家常饼、鸡蛋饼、葱油饼等。烙制

图 4-4-6 烙

面点的特点是皮面香脆、内里柔软、成品金黄（见图 4-4-6）。

烙的注意事项如下：

（1）按不同品种的需要，掌握火候大小和温度高低。

（2）金属锅或金属板要预热，再放上生坯熟制。

（3）不断移动制品烙的位置，使制品受热均匀。

（4）烙熟一面再烙另一面，防止成品外焦里不熟。

五、炸

炸是将成型的生坯放入一定温度的油锅内，用油脂作为热传递介质，利用油脂的热对流使生坯成熟的方法。炸适用于油条、麻

图 4-4-7 炸

花、麻团等的熟制。炸制面点的特点是口感香脆、外脆里酥、色泽金黄（见图 4-4-7）。

炸的注意事项如下：

（1）油脂在使用前要进行靠油提炼，去掉杂质、水分和异味。

（2）掌握火候，控制油温的变化。

（3）必须不停翻动制品，使制品受热均匀，成熟一致。

六、煎

煎是用少量油及金属传热，或与水蒸气一起传热，使面坯成熟的熟制方法。煎制面点

的特点是部分焦香、部分软嫩，还能保持馅心中的卤汁（见图4-4-8）。

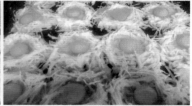

图4-4-8 煎

煎制的方法可以分为油煎和水油煎两种。油煎就是单纯用油煎制面点，水油煎则是用油加水煎制面点。

煎的注意事项如下：

（1）使用平底锅，或者锅底要平。

（2）掌握火候和油温，以中火和六成热为宜。

（3）生坯要从四周向中间排入，使之受热均匀。

（4）用油量要根据制品的不同而定，一般以在锅底抹上薄薄的一层油为限，最多不能超过制品厚度的一半。

第五章

实例品种

第一节　特色主食

一、齐园鸡蛋饼

齐园鸡蛋饼成品如图 5-1-1 所示。

（一）原料

面粉 5000 g，鸡蛋 5000 g，葱 1000 g，食盐 50 g，植物油 100 g，五香粉 100 g，酵母 50 g，水 2250 g。

（二）制作方法

（1）面粉中加入酵母、温水，和成面团，揉匀醒发备用。

（2）葱洗净切碎，加入食盐、油、五香粉，调成葱油馅备用。

图 5-1-1 齐园鸡蛋饼（制作人：赵甲林）

（3）将面团搓条，下成每个 75 g 的剂子，擀皮抹上葱油馅卷起，压成 15 cm 大小的面饼，放入电饼铛；240 ℃烙制定型后，翻过烙另一面，并在烙好的一面磕入一个鸡蛋；再翻面，将鸡蛋烙至金黄即可。

（三）营养分析

每 100 g 齐园鸡蛋饼含热量 992 kJ，营养分析如表 5-1-1 所示。

表 5-1-1 齐园鸡蛋饼的营养分析

营养成分	每 100 g 总量中含量
蛋白质	12.9 g
脂肪	6.0 g
糖类	32.9 g
膳食纤维	1.2 g
胆固醇	259 mg
维生素 A	104 μgRAE
维生素 C	0.26 mg
钙	46 mg
钠	406.8 mg

注：RAE 表示视黄醇活性当量，后同。

二、齐园小笼包

齐园小笼包成品如图 5-1-2 所示。

图 5-1-2 齐园小笼包（制作人：李洪艳）

（一）原料

五花肉馅 5000 g，干花椒 20 g，老抽 50 g，生抽 100 g，葱末 750 g，姜末 75 g，食盐 50 g，鸡精 25 g，面粉 5000 g，酵母 60 g，水 2250 g。

（二）制作方法

（1）将面粉加酵母、水和成酵母面团，揉匀揉透备用。

（2）将干花椒置于容器中，用热水冲泡，合盖焖制 30 min，制成花椒水备用。

（3）将五花肉馅置于容器中，分次将花椒水搅入肉馅中，加入葱末、姜末、食盐、味精拌匀后，静置晾凉，放入冰箱冷冻 24 h，取出备用。

（4）面团用压面机压好后搓成长条，分摘成每个 25 g 的剂子，擀成圆皮，包入 25 g 肉馅，捏成菊花包，即成生坯。

（5）把生坯摆在笼屉内，醒发至表面光滑、膨松，放置在蒸炉上，蒸熟 10 min 即可。

（三）营养分析

每 100 g 齐园小笼包含热量 710 kJ，营养分析如表 5-1-2 所示。

表 5-1-2 齐园小笼包的营养分析

营养成分	每 100 g 总量中含量
蛋白质	14.5 g
脂肪	17.7 g
糖类	23.3 g
膳食纤维	1.2 g
胆固醇	36 mg
维生素 A	9 μgRAE
维生素 C	0.64 mg
钙	27 mg
钠	436.4 mg

三、齐园三汁焖锅

齐园三汁焖锅成品如图 5-1-3 所示。

（一）原料

土豆 1000 g，胡萝卜 500 g，鸡腿块 1000 g，芹菜 500 g，洋葱 1000 g，豆腐 500 g，姜 100 g，蒜 100 g，米饭 6000 g，食用油 2000 g（耗 100 g），牛油 150 g，焖锅料汁 3000 g。

图 5-1-3 齐园三汁焖锅（制作人：臧玉梅）

（二）制作方法

（1）将土豆、胡萝卜洗净，去皮切成片；芹菜择洗干净后切成段；洋葱剥皮后切成丝；豆腐和姜切片；蒜剥皮备用。

（2）锅内倒油，待油温升至六成热时，放入豆腐片炸至金黄色后捞出，控油备用。

（3）锅内加入牛油，放入蒜仔、姜片铺底，放入土豆片、胡萝卜片、芹菜段、洋葱丝备用。

（4）豆腐和鸡腿块加热焖制 20 min 后，放入焖锅料汁，继续焖制 3 min，即成菜料。

（5）将焖好的蔬菜、肉类和米饭盛入盘中，搭配成套餐即可。

（三）营养分析

每 100 g 齐园三汁焖锅含热量 570 kJ，营养分析如表 5-1-3 所示。

表 5-1-3 齐园三汁焖锅的营养分析

营养成分	每 100 g 总量中含量
蛋白质	5.5 g
脂肪	4.9 g
糖类	17.6 g
膳食纤维	0.9 g
胆固醇	14 mg
维生素 A	21 μgRAE
维生素 C	2.59 mg
钙	40 mg
钠	126.2 mg

附：焖锅料汁原料及制作方法

（一）原料

蚝油 18000 g，柱候酱 6g000 g，海鲜酱 2000 g，大蒜粉 200 g，咖喱粉 150 g，番茄酱 5000 g，花生酱 1500 g，芝麻酱 500 g，生抽 100 g，鸡精 100 g，牛肉酱 500 g，蒸鱼豉油 400 g，植物油 2500 g，白糖 2250 g，酱油 750 g，压锅酱 500 g，桂林辣酱 500 g，香辣酱 500 g。

（二）制作方法

将以上所有原料兑在一起，搅拌均匀即可。

四、齐园麻酱饼

齐园麻酱饼成品如图 5-1-4 所示。

（一）原料

面粉 5000 g，麻汁 2000 g，鲜酵母 40 g，水 3000 g，食盐 60 g，芝麻 100 g。

（二）制作方法

（1）面粉中加入水、鲜酵母，和成面团，揉匀醒发备用。

（2）将发酵面团擀成 2 cm 厚的面坯，撒上食盐，抹上麻汁，前后、左右对折，再擀开，卷成

图 5-1-4 齐园麻酱饼（制作人：张利娜）

长条揉匀，下成每个 110 g 的剂子，拿起面剂双手反方向拧成螺旋状，沾上芝麻，擀成圆形，摆放在烤盘内。

（3）将烤盘放入烤箱，280 ℃烤 15 min 呈金黄色即成。

（三）营养分析

每 100 g 齐园麻酱饼含热量 1812 kJ，营养分析如表 5-1-4 所示。

表 5-1-4 齐园麻酱饼的营养分析

营养成分	每 100 g 总量中含量
蛋白质	16.5 g
脂肪	16.6 g
糖类	54.4 g
膳食纤维	3.1 g
胆固醇	0 mg
维生素 A	2 μgRAE
维生素 C	0 mg
钙	352 mg
钠	345.3 mg

五、齐园酱香饼

齐园酱香饼成品如图 5-1-5 所示。

（一）原料

面粉 5000 g，洋葱 1000 g，食盐 50 g，蒜 150 g，姜 150 g，郫县豆瓣酱 300 g，甜面酱 200 g，大豆色拉油 700 g，蚝油 50 g，白糖 100 g，五香粉 30 g，鸡精 20 g，胡椒粉 20 g，葱花 200 g，芝麻 100 g，水 3000 g。

图 5-1-5 齐园酱香饼（制作人：张佩合）

（二）制作方法

（1）面粉中加入温水，和成面团，揉匀醒发备用。

（2）将洋葱、姜、蒜洗净改刀，放入搅拌机搅打成碎末，备用。

（3）锅中倒油，待油温升至六成热时，放入搅打的葱、姜、蒜末煸炒出香味，放入甜面酱炒熟，放入豆瓣酱炒出红油，加入食盐、鸡精、五香粉、白糖、蚝油、胡椒粉调味，熬成酱汁备用。

（4）将醒发好的面团搓条，下成每个 1000 g 的剂子，擀成薄圆片，刷一层油再撒一层葱花，用刀从中心向四周划开，卷起稍醒，再擀成圆形薄饼备用。

（5）电饼铛内刷一层油，放入饼坯，200 ℃ 烙至两面金黄后，刷上一层炒好的酱汁，撒上葱花和芝麻即可。

（三）营养分析

每 100 g 齐园酱香饼含热量 1574 kJ，营养分析如表 5-1-5 所示。

表 5-1-5 齐园酱香饼的营养分析

营养成分	每 100 g 总量中含量
蛋白质	11.5 g
脂肪	11.1 g
糖类	57.4 g
膳食纤维	2.6 g
胆固醇	0 mg
维生素 A	1 μgRAE
维生素 C	0.91 mg
钙	78 mg
钠	392 mg

六、齐园馄饨

齐园馄饨成品如图 5-1-6 所示。

（一）原料

面粉 4500 g，水 2250 g，食盐 130 g，
淀粉 500 g，鸡蛋 300 g，肉馅 5000 g，
鸡精 40 g，生抽 270 g，花椒面 8 g，洋
葱末 500 g，姜末 100 g，花椒水 3000 g，
猪油 300 g，香油 100 g，老抽 200 g，

图 5-1-6 齐园馄饨（制作人：张存国）

摊好的鸡蛋皮 500 g，紫菜 100 g，香菜末 250 g，酱油 500 g，高汤适量。

（二）制作方法

（1）面粉中加水、食盐、鸡蛋液，和成面团，揉匀醒发备用。

（2）将揉好的面团放置在面案上，用擀面杖擀成长方形薄片（透明为止），叠放整
齐后切成 7 cm 长、5 cm 宽的梯形备用。

（3）向猪肉馅中加入食盐、生抽、老抽、姜末、花椒面、猪油拌匀，一边加入花椒
水一边按顺时针方向搅拌，直至上劲，再加入洋葱末、香油、鸡精，搅匀成肉馅备用。

（4）一只手拿馄饨皮，另一只手用尺板上 25 g 馅心，顺势将馅带皮向内卷两卷，在
卷皮的左端涂少许水，再将两端弯向中间，粘好捏紧成生坯。

（5）取一碗，放入切好的摊鸡蛋皮、虾皮、紫菜、食盐、鸡精、酱油、香油和香菜
末备用。

（6）锅内加水烧开后，放入馄饨，煮熟，盛
入兑好料的碗中，浇入高汤即可。

（三）营养分析

每 100 g 齐园馄饨含热量 1440 kJ，营养分析
如表 5-1-6 所示。

表 5-1-6 齐园馄饨的营养分析

营养成分	每 100 g 总量中含量
蛋白质	11.9 g
脂肪	18.1 g
糖类	33.4 g
膳食纤维	1.3 g
胆固醇	47 mg
维生素 A	17 μgRAE
维生素 C	1.1 mg
钙	37 mg
钠	756 mg

七、东园凉皮

东园凉皮成品如图 5-1-7 所示。

（一）原料

高筋面粉 5000 g，水 5000 g，绿豆芽 1000 g，黄瓜 1000 g，芝麻酱 1000 g，蒜 500 g，食用油 200 g，料水 1200 g，红油 800 g。

（二）制作方法

（1）面粉中加水，和成面团，揉匀上劲至光滑备用。

图 5-1-7 东园凉皮（制作人：程涛、张惠明）

（2）盆中加水，把面团放入水中反复搓洗，洗成浆水，将浆水倒入容器中进行沉淀，在洗面的盆中继续加水洗面，倒出浆水。这样反复洗面直至剩下面筋，水呈青色，浆水沉淀备用。

（3）将沉淀 5 h 的浆水倒去清水和杂质，只留粉浆备用。

（4）在专用工具螺的底部刷油，舀入粉浆，转动工具螺，使粉浆摊平，薄厚均匀，盖上锅盖，蒸 1 min 取出，放入冷水锅中转动工具螺使之降温，取出后即成面皮，备用。

（5）面筋放在铺有笼布的笼屉内，摊平上笼蒸 15 min，取出后晾凉备用。

（6）将黄瓜洗净，切成丝；绿豆芽焯水、捞出、沥水；蒜剥皮、洗净、捣碎，加入凉开水成蒜汁；面筋改刀切成小块备用。

（7）将面皮改刀切成长条，放入碗中，加入黄瓜丝、面筋块、焯水绿豆芽，浇上料水、芝麻酱、红油和蒜汁即可。

（三）营养分析

每 100 g 东园凉皮含热量 1226 kJ，营养分析如表 5-1-7 所示。

表 5-1-7 东园凉皮的营养分析

营养成分	每 100 g 总量中含量
蛋白质	11.5 g
脂肪	8.5 g
糖类	42.6 g
膳食纤维	2 g
胆固醇	0 mg
维生素 A	2 μgRAE
维生素 C	1.46 mg
钙	154 mg
钠	695 mg

附一：料水的原料及制作方法

（一）原料：鸡精 150 g，味极鲜 200 g，食盐 800 g，醋 1000 g，糖 100 g，水 5000 g。

（二）制作方法：锅内加水，放入糖、鸡精、味极鲜、食盐、醋调和均匀，加热烧开，晾凉即可。

附二：红油的原料及制作方法

（一）原料：植物油 7.5 kg，辣椒面 750 g，生姜 150 g，葱 100 g，花椒 100 g，山奈 10 g，八角 60 g，桂皮 20 g，香叶 25 g，白酒 10 mL，芝麻 100 g。

（二）制作方法：锅中倒入植物油，烧至八成热时加入葱、姜、花椒、八角、桂皮、山奈、香叶，炸出香味捞出，再加入辣椒粉、白酒、白芝麻搅拌均匀，即成辣椒油，倒入容器内备用即可。

八、东园虾饺

东园虾饺成品如图 5-1-8 所示。

（一）原料

面粉 5000 g，水 2250 g，虾仁 750 g，猪肉 3000 g，葱末 150 g，姜末 100 g，鸡精 20 g，香油 100 g，食盐 50 g，酱油 100 g，蛋清 50 g，花生油 200 g，花椒水 2000 g。

（二）制作方法

（1）面粉用 30 ℃的水和成冷水面团，揉匀醒发，然后搓成长条，下成每个 20 g 的剂子，擀成圆皮备用。

图 5-1-8 东园虾饺（制作人：李金梅）

（2）虾仁洗净，切成 3 mm 见方的丁，加少量食盐及蛋清拌和；猪肉剁成细泥放入盆内，加入葱末、姜末、鸡精、香油、食盐、酱油及少量水拌和，再加入水搅至上劲，最后加上腌好的虾仁，搅拌均匀成馅备用。

（3）向圆皮内包入 20 g 肉馅，把两边对折，捏成木鱼形，要捏紧捏牢，即成水饺生坯。

（4）锅内加入清水烧开，下入生坯（下坯时要分散下，不要太多、太集中），边下边用手勺轻轻推转，防止粘底。先后开锅三次，点三次冷水，待水饺全部浮起即可。

（三）营养分析

每 100 g 东园虾饺含热量 1532 kJ，营养分析如表 5-1-8 所示。

表 5-1-8 东园虾饺的营养分析

营养成分	每 100 g 总量中含量
蛋白质	14.4 g
脂肪	16.4 g
糖类	40.1 g
膳食纤维	1.1 g
胆固醇	41 mg
维生素 A	6 μgRAE
维生素 C	0.02 mg
钙	27 mg
钠	374.8 mg

九、东园石锅拌饭

东园石锅拌饭成品如图 5-1-9 所示。

（一）原料

米饭 5000 g，五花肉 500 g，泡菜 1000 g，洋葱 2500 g，黄豆芽 200 g，绿豆芽 200 g，西葫芦 200 g，西兰花 200 g，胡萝卜 200 g，韩国辣酱 500 g，葱花 50 g，植物油 200 g，白糖 50 g，香油 50 g。

（二）制作方法

（1）将洋葱、泡菜、西葫芦、胡萝卜洗净切丝，五花肉洗净切片，西兰花择成小朵，与绿豆芽、黄豆芽一起焯水，捞出晾凉备用。

图 5-1-9 东园石锅拌饭（制作人：姜广峰）

（2）锅中加入少许油，烧至五成热时放入五花肉炒至肉色发白，加葱、洋葱炒出香味，加入韩国辣酱、适量清水、泡菜、白糖翻炒均匀，大火烧开，小火焖 5 min 成酱汁备用。

（3）将择洗好的绿豆芽、黄豆芽、胡萝卜、西葫芦、西兰花焯水，再加入适量食盐拌匀。

（4）石锅内刷香油，放入少许洋葱、米饭，将拌好的青菜依次放入，然后将酱汁浇在上面，把石锅放在炉灶上烧 2 min 即可。

（三）营养分析

每 100 g 东园石锅拌饭含热量 703 kJ，营养分析如表 5-1-9 所示。

表 5-1-9 东园石锅拌饭的营养分析

营养成分	每 100 g 总量中含量
蛋白质	4.1 g
脂肪	2.3 g
糖类	32.7 g
膳食纤维	2.4 g
胆固醇	4 mg
维生素 A	0 μgRAE
维生素 C	1.99 mg
钙	104 mg
钠	185.1 mg

十、东园意面

东园意面成品如图 5-1-10 所示。

（一）原料

意面 2500 g，洋葱 1500 g，青椒 1000 g，去骨上腿肉 2500 g，黑胡椒粉 15 g，番茄酱 800 g，猪肉丝 200 g，食盐 30 g，鸡精 10 g，大蒜粉 20 g，花雕酒 125 g，蚝油 30 g，甜酱 30 g，鸡蛋 120 g，水淀粉 150 g。

（二）制作方法

（1）把腿肉改刀切成片，洋葱、青椒切条，意面用沸水煮 10 min，捞出过凉备用。

图 5-1-10 东园意面（制作人：吕义彬）

（2）鸡腿肉加入蒜粉、黑胡椒粉、花雕酒、蚝油、甜酱、鸡精、食盐、鸡蛋、生粉，抓匀上浆，放入盛器中，用油密封腌制 3 h 备用。

（3）锅内加入少许油，烧至五成热，放入肉丝煸炒至肉色变白，放入洋葱、青椒炒至回软，加入番茄酱、胡椒粉、食盐、味精、鸡精翻炒入味，再加入适量水，大火烧开，放入意面，搅拌均匀出锅。

（4）将腌制好的鸡肉放入铁板扒炉上，煎至两面金黄备用。

（5）拌好的意面装盘，放入煎熟的鸡肉即可。

（三）营养分析

每 100 g 东园意面含热量 929 kJ，营养分析如表 5-1-10 所示。

表 5-1-10 东园意面的营养分析

营养成分	每 100 g 总量中含量
蛋白质	7.7 g
脂肪	2.8 g
糖类	41.5 g
膳食纤维	2.4 g
胆固醇	31 mg
维生素 A	21 μgRAE
维生素 C	11.59 mg
钙	94 mg
钠	278.8 mg

十一、杏园肉夹馍

杏园肉夹馍成品如图 5-1-11 所示。

（一）原料

面粉 5000 g，酵母 60 g，水 2250 g，猪肉 4000 g，油酥 2000 g，葱 150 g，姜 150 g，五香面 50 g，食盐 50 g，八角 20 g，桂皮 20 g，白糖 100 g，老抽 50 g，生抽 50 g，味精 20 g。

（二）制作方法

（1）面粉中加入酵母、水，和成面团，揉匀醒发备用。

图 5-1-11 杏园肉夹馍（制作人：朱衍强）

（2）将面团摊成长方形薄片，撒上食盐，抹上油酥，再撒上五香面，折叠卷成圆条状，搓条，下成每个 110 g 的剂子，擀成厚薄、大小均匀的圆饼。

（3）擀好的圆饼放入电饼铛，220 ℃烙至两面金黄。

（4）将卤肉剁成肉末，加入少许汤汁，取 50 g 夹入饼中即可。

（三）营养分析

每 100 g 杏园肉夹馍含热量 1628 kJ，营养分析如表 5-1-11 所示。

表 5-1-11 杏园肉夹馍的营养分析

营养成分	每 100 g 总量中含量
蛋白质	12.2 g
脂肪	21.5 g
糖类	36.6 g
膳食纤维	1.3 g
胆固醇	26 mg
维生素 A	6 μgRAE
维生素 C	0.22 mg
钙	22 mg
钠	237.4 mg

附：卤肉制作方法

（1）肉切成方块，焯水、捞出、晾凉备用。

（2）锅内加水，放入装有八角和桂皮的料包，以及葱段、姜片、白糖、味精、老抽、生抽、肉块，大火烧开，转小火炖 1 h 即可。

十二、杏园芝麻烤排

杏园芝麻烤排成品如图 5-1-12 所示。

图 5-1-12　杏园芝麻烤排（制作人：张化存）

（一）原料

面粉 5000 g，芝麻 150 g，水 2000 g，酵母 50 g，糖 30 g。

（二）制作方法

（1）面粉中加酵母、水，和成面团，揉匀醒发备用。

（2）将面团用压面机反复压匀，压成 0.5 cm 厚的面片，在面片上打网状花刀，切成每个 110 g 的长方形剂子，依次并排放入烤盘内，刷上糖水，撒上芝麻。

（3）待面坯醒好后入烤箱，240 ℃烤 15 min呈金黄色即成。

（三）营养分析

每 100 g 杏园芝麻烤排含热量 1528 kJ，营养分析如表 5-1-12 所示。

表 5-1-12　杏园芝麻烤排的营养分析

营养成分	每 100 g 总量中含量
蛋白质	15.6 g
脂肪	3.5 g
糖类	67.7 g
膳食纤维	2.3 g
胆固醇	0 mg
维生素 A	0 µgRAE
维生素 C	0 mg
钙	48 mg
钠	4 mg

十三、杏园大油条

杏园大油条成品如图 5-1-13 所示。

图 5-1-13 杏园大油条（制作人：张化存）

（一）原料

面粉 5000 g，花生油 2500 g，无铝油条膨松剂 50 g，食盐 50 g，鸡蛋 250 g，水 3000 g。

（二）制作方法

（1）面粉加入膨松剂、鸡蛋、食盐、水，和成面团，醒发 7~8 h（秋冬季节），夏季放入冷藏内醒发待用。

（2）将醒发好的面团平放在案板上，分割成大小均匀的长条，放入六成热的油锅中，炸至金黄即可。

（三）营养分析

每 100 g 杏园大油条含热量 2189 kJ，营养分析如表 5-1-13 所示。

表 5-1-13 杏园大油条的营养分析

营养成分	每 100 g 总量中含量
蛋白质	10.5 g
脂肪	33.8 g
糖类	44.3 g
膳食纤维	1.3 g
胆固醇	19 mg
维生素 A	7 μgRAE
维生素 C	0 mg
钙	26 mg
钠	359.2 mg

十四、杏园米粉

杏园米粉成品如图 5-1-14 所示。

图 5-1-14 杏园米粉（制作人：李锋）

（一）原料

米粉 2500 g，奶白菜 500 g，酱鸡蛋 20 个（约 1200 g），西红柿片 200 g，黄金豆 100 g，黑胡椒碎 50 g，食盐 50 g，味精 20 g，高汤适量。

（二）制作方法

（1）将米粉放入 80 ℃的水中泡发 2 h，捞出泡入水中备用。

（2）将奶白菜洗净，西红柿洗净切成片，酱鸡蛋一分为二备用。

（3）锅中倒入高汤，加入黑胡椒碎、食盐、味精调味，大火烧开备用。

（4）将装有 300 g 米粉和奶白菜的菜篓放入开水锅中煮 20 s，取出控水，盛入碗中，放上切好的西红柿、酱鸡蛋，浇上烧开的高汤即可。

（三）营养分析

每 100 g 杏园米粉含热量 653 kJ，营养分析如表 5-1-14 所示。

表 5-1-14 杏园米粉的营养分析

营养成分	每 100 g 总量中含量
蛋白质	5.4 g
脂肪	1.2 g
糖类	31 g
膳食纤维	1.5 g
胆固醇	46 mg
维生素 A	45 µgRAE
维生素 C	12.29 mg
钙	35 mg
钠	55.4 mg

十五、舜园老面馒头

舜园老面馒头成品如图 5-1-15 所示。

图 5-1-15 舜园老面馒头（制作人：梁松岗）

（一）原料

面粉 5000 g，水 2050 g，酵母 60 g，老面 1500 g，碱面 10 g。

（二）制作方法

（1）将面粉加入水、老面、碱面，和成面团，揉匀醒发备用。

（2）将面团放入馒头机中，做成每个 125 g 的馒头剂子，把成型的馒头剂子装盘，放入醒箱醒至两倍大后，放入蒸箱蒸 30 min 即可。

（三）营养分析

每 100 g 舜园老面馒头含热量 1503 kJ，营养分析如表 5-1-15 所示。

表 5-1-15 舜园老面馒头的营养分析

营养成分	每 100 g 总量中含量
蛋白质	15.5 g
脂肪	2.5 g
糖类	68.6 g
膳食纤维	2.1 g
胆固醇	0 mg
维生素 A	0 μgRAE
维生素 C	0 mg
钙	31 mg
钠	3.2 mg

十六、舜园油酥饼

舜园油酥饼成品如图 5-1-16 所示。

图 5-1-16 舜园油酥饼（制作人：王书强）

（一）原料

面粉 5000 g，水 2250 g，酵母 60 g，油酥 1000 g，芝麻 500 g。

（二）制作方法

（1）面粉加入水、酵母，和成面团，揉匀醒发备用。

（2）将面团擀成长方形，放上油酥、花椒盐，折叠 2 次，擀成 1 cm 厚的长方形，从一头卷起下剂子（每个约 110 g），再擀成圆形，撒上芝麻。

（3）放入烤箱，280 ℃烤 15 min 即可。

（三）营养分析

每 100 g 舜园油酥饼含热量 1733 kJ，营养分析如表 5-1-16 所示。

表 5-1-16 舜园油酥饼的营养分析

营养成分	每 100 g 总量中含量
蛋白质	14.6 g
脂肪	12.7 g
糖类	60.3 g
膳食纤维	2.5 g
胆固醇	0 mg
维生素 A	0 μgRAE
维生素 C	0 mg
钙	73 mg
钠	5.9 mg

十七、舜园烤肉饼

舜园烤肉饼成品如图 5-1-17 所示。

图 5-1-17 舜园烤肉饼（制作人：蒋全廷）

（一）原料

面粉 5000 g，酵母 60 g，水 3000 g，猪前肘肉馅 2500 g，葱末 500 g，姜末 50 g，花椒水 1000 g，香油 40 g，胡椒粉 10 g，食盐 50 g，酱油 100 g，白糖 20 g，鸡精 15 g，葱油 200 g。

（二）制作方法

（1）将肉馅放入盆内，加入花椒水，按顺时针方向搅拌，边搅拌边加水、食盐、葱末、姜末、白糖、鸡精、酱油、胡椒粉调拌均匀，然后加葱油、香油调和，冷藏 10 min 备用。

（2）面粉放入酵母、水，和成面团，揉匀醒发备用。

（3）将面团搓成长条，下成每个 110 g 的剂子，擀皮包入 50 g 馅心，再擀成圆饼，整齐放入烤盘。

（4）将盛装肉饼的烤盘放入烤箱，280 ℃烤 15 min 呈金黄色即成。

（三）营养分析

每 100 g 舜园烤肉饼含热量 1498 kJ，营养分析如表 5-1-17 所示。

表 5-1-17 舜园烤肉饼的营养分析

营养成分	每 100 g 总量中含量
蛋白质	13.3 g
脂肪	15.1 g
糖类	42.2 g
膳食纤维	1.4 g
胆固醇	23 mg
维生素 A	6 μgRAE
维生素 C	0.2 mg
钙	26 mg
钠	304.5 mg

十八、舜园大肉包

舜园大肉包成品如图 5-1-18 所示。

图 5-1-18 舜园大肉包（制作人：王开庆）

（一）原料

面粉 5000 g，水 2250 g，酵母 60 g，豆角 2000 g，肉丁 2000 g，葱花 250 g，姜 250 g，甜面酱 500 g，白糖 200 g，酱油 300 g，花椒油 300 g。

（二）制作方法

（1）面粉加水、酵母，和成面团，揉匀醒发备用。

（2）豆角切丁放入盆内，加肉丁、葱、姜、甜面酱、白糖、酱油、花椒油，调匀备用。

（3）将面团搓条，下成每个 80 g 的剂子，擀成皮，包入 80 g 馅心，捏成麦穗状，放入笼屉醒发 20 min。

（4）将醒发好的包子放入蒸箱，蒸制 30 min 即可。

（三）营养分析

每 100 g 舜园大肉包含热量 1147 kJ，营养分析如表 5-1-18 所示。

表 5-1-18 舜园大肉包的营养分析

营养成分	每 100 g 总量中含量
蛋白质	10 g
脂肪	10.3 g
糖类	35.3 g
膳食纤维	1.4 g
胆固醇	14 mg
维生素 A	5 μgRAE
维生素 C	6.83 mg
钙	33 mg
钠	285 mg

十九、欣园煎饼果子

欣园煎饼果子成品如图 5-1-19 所示。

（一）原料

面粉 2000 g，豆面 1500 g，玉米面 500 g，水 5000 g，葱 500 g，香菜 500 g，榨菜 500 g，生菜 500 g，面酱 1000 g，鸡蛋 50 个，薄脆 50 个。

（二）制作方法

（1）向面粉、豆面、玉米面中加入水，调成面糊。

（2）将自动恒温煎饼炉加热至 240 ℃，舀一勺（约 50 g）面糊刮摊成圆饼，磕入一个鸡蛋，迅速将蛋液推开，撒上葱花、香菜、榨菜，烙至面皮和鸡蛋成熟后，用面铲将饼皮铲下，与煎饼炉分离。

（3）将面皮的一端向上对折，在折叠位置抹上面酱，放入炸好的脆饼、生菜叶等，将煎饼卷好，从中间切开即可。

（三）营养分析

每 100 g 欣园煎饼果子含热量 1168 kJ，营养分析如表 5-1-19 所示。

图 5-1-19 欣园煎饼果子（制作人：张绍东、杨庆秀）

表 5-1-19 欣园煎饼果子的营养分析

营养成分	每 100 g 总量中含量
蛋白质	10.6 g
脂肪	11 g
糖类	34.6 g
膳食纤维	1.6 g
胆固醇	152 mg
维生素 A	67 µgRAE
维生素 C	2.24 mg
钙	56 mg
钠	408.9 mg

附一：面酱的原料及制作方法

（一）原料

蚝油 1500 g，甜面酱 900 g，孜然粉 50 g，白芝麻 50 g，十三香 15 g，鸡精 30 g，白糖 100 g，水 2500 g，香料油 1000 g。

（二）制作方法

（1）锅中加入香料油，烧至六成热时，放入甜面酱，放入蚝油、十三香、孜然粉炒出香味。

（2）倒入清水，大火烧开，转小火熬 15 min 后，加入鸡精、白糖和熟芝麻调匀，即面酱。

附二：香料油的原料及制作方法

（一）原料

植物油 1000 g，葱 250 g，姜 150 g，蒜 150 g，洋葱 250 g。

（二）制作方法

（1）将葱、姜、蒜、洋葱择洗干净后切成末备用。

（2）锅中放入油，烧至六成热时，放入葱、姜、蒜、洋葱末煸炒出香味后，捞出料渣，即成香料油。

二十、欣园茶泡饭

欣园茶泡饭成品如图 5-1-20 所示。

（一）原料

米饭 6000 g，鸡腿肉 2500 g，食盐 30 g，烧烤料 350 g，花椒油 200 g，蜜汁叉烧酱 100 g，土豆 500 g，卷心菜 500 g，茶叶 50 g，葱 100 g，姜 100 g。

（二）制作方法

（1）将鸡腿肉洗净切碎，用烧烤料把鸡腿碎肉抓匀腌制 6 h；土豆去皮切成丝，卷心菜洗净切成丝备用。

图 5-1-20 欣园茶泡饭（制作人：陈延波）

（2）将腌好的鸡腿碎肉放进烤箱，180 ℃烤制 20 min，取出备用。

（3）锅内倒油，待油温升至六成热时放入土豆丝煸炒，调味后出锅。

（4）锅内倒油，待油温升至六成热时放入卷心菜丝煸炒，调味后出锅。

（5）将茶叶用热水冲泡好备用。

（6）碗内放入米饭，上面依次加入蜜汁叉烧酱、土豆丝、卷心菜丝和烤好的鸡肉，配上泡好的茶叶水即可。

（三）营养分析

每 100 g 欣园茶泡饭含热量 573 kJ，营养分析如表 5-1-20 所示。

表 5-1-20 欣园茶泡饭的营养分析

营养成分	每 100 g 总量中含量
蛋白质	7.6 g
脂肪	4.6 g
糖类	16.3 g
膳食纤维	0.5 g
胆固醇	28 mg
维生素 A	9 μgRAE
维生素 C	3.22 mg
钙	12 mg
钠	69.4 mg

二十一、悦园炒饭

悦园炒饭成品如图 5-1-21 所示。

图 5-1-21 悦园炒饭（制作人：阚兴亭）

（一）原料

米饭 5000 g，胡萝卜 100 g，青豆 100 g，玉米粒 100 g，火腿 600 g，鸡蛋 600 g，葱花 200 g，植物油 200 g，食盐 50 g，鸡精 20 g。

（二）制作方法

（1）将火腿切成丁；胡萝卜洗净去皮切小丁；青豆解冻后与玉米粒、胡萝卜丁一起焯水、捞出，晾凉备用。

（2）锅内倒油，待油温升至五成热时，放入葱花煸炒出香味，放入胡萝卜、青豆、玉米粒和火腿翻炒，再放入鸡蛋炒制呈金黄色松软后倒入米饭翻炒，加入食盐和鸡精调味，翻炒均匀，炒至饭粒松软不粘成团时起锅装盘。

注：在此炒饭基础上，加入腊肉、虾仁、培根等食材，可组合成不同风味的炒饭。

（三）营养分析

每 100 g 悦园炒饭含热量 603 kJ，营养分析如表 5-1-21 所示。

表 5-1-21 悦园炒饭的营养分析

营养成分	每 100 g 总量中含量
蛋白质	4.9 g
脂肪	4.5 g
糖类	20.8 g
膳食纤维	0.7 g
胆固醇	61 mg
维生素 A	29 μgRAE
维生素 C	0.31 mg
钙	17 mg
钠	423.3 mg

二十二、欣园烤鸭饭

欣园烤鸭饭成品如图 5-1-22 所示。

（一）原料

櫻桃谷鸭 5 只，大料包 1 个，食盐 40 g，味精 10 g，蜜汁叉烧酱 50 g，鸡精 10 g，生抽 100 g，老抽 40 g，糖 20 g，米饭 3000 g，葱 100 g，姜 100 g，土豆丝 500 g，卷心菜 500 g。

图 5-1-22 欣园烤鸭饭（制作人：董玉建）

（二）制作方法

（1）将鸭子洗净，控干水分，土豆去皮洗净切成丝，卷心菜洗净切成丝备用。

（2）锅中加水，放入大料包大火烧开，转小火煮 2 h，加入食盐、糖、味精、鸡精、生抽、老抽搅拌均匀，制成料水，倒入容器中冷却备用。

（3）将鸭子放到冷却的料水中腌制 8 h 后，挂在烤炉中，180 ℃烤 2 h 即可。

（4）锅内倒油，烧至六成热时，放入葱姜炒出香味，放入土豆丝煸炒，加食盐调味，出锅备用。

（5）锅内倒油，烧至六成热时，放入葱姜炒出香味，放入卷心菜丝煸炒，加食盐调味，出锅备用。

（6）将烤好的鸭子一切为二，半只鸭子改刀片肉后平铺在盛好的米饭上，再放上蜜汁叉烧酱、土豆丝、卷心菜丝即可。

（三）营养分析

每 100 g 欣园烤鸭饭含热量 690 kJ，营养分析如表 5-1-22 所示。

表 5-1-22 欣园烤鸭饭的营养分析

营养成分	每 100 g 总量中含量
蛋白质	8.3 g
脂肪	8.9 g
糖类	12.8 g
膳食纤维	0.2 g
胆固醇	42 mg
维生素 A	24 μgRAE
维生素 C	2.41 mg
钙	9 mg
钠	272.1 mg

附：大料包的原料

紫蔻 20 g，砂仁 20 g，肉蔻 15 g，肉桂 25 g，丁香 10 g，花椒 35 g，小茴香 25 g，木香 20 g，白芷 20 g，山柰 15 g，良姜 25 g，干姜 20 g，八角 25 g，香叶 30 g，桂皮 30 g。

二十三、软件园千层饼

软件园千层饼成品如图 5-1-23 所示。

（一）原料

面粉 5000 g，植物油 380 g，椒盐 50 g 或白糖 750 g，酵母 40 g，水 2250 g。

（二）制作方法

（1）将 3500 g 面粉加酵母和水制成发酵面团，1500 g 加油和成油酥，揉匀醒发备用。

（2）将面团擀成长

图 5-1-23 软件园千层饼（制作人：杨万生）

80 cm、宽 10 cm、厚 2 mm 的长方形饼片，刷上油，撒上椒盐或白糖，抹上油酥，从一头开始折叠擀开，反复 5 次，表面刷上水，撒上芝麻，摆入蒸盘内，醒发 30 min 至两倍大。

（3）放入蒸箱，蒸 30 min 取出，晾凉、切块备用。

（4）将改刀的千层饼放入撒油的电饼铛中，煎至两面金黄即可。

（三）营养分析

每 100 g 软件园甜味千层饼（加白糖）含热量 1603 kJ，营养分析如表 5-1-23 所示。

每 100 g 软件园咸味千层饼（加椒盐）含热量 1582 kJ，营养分析如表 5-1-24 所示。

表 5-1-23 软件园甜味千层饼的营养分析

营养成分	每 100 g 总量中含量
蛋白质	12.9 g
脂肪	6.1 g
糖类	69.1 g
膳食纤维	1.7 g
胆固醇	0 mg
维生素 A	0 μgRAE
维生素 C	0 mg
钙	26 mg
钠	3.4 mg

表 5-1-24 软件园咸味千层饼的营养分析

营养成分	每 100 g 总量中含量
蛋白质	14.5 g
脂肪	6.9 g
糖类	64.4 g
膳食纤维	1.9 g
胆固醇	0 mg
维生素 A	0 μgRAE
维生素 C	0 mg
钙	29 mg
钠	366.2 mg

二十四、软件园红豆饼

软件园红豆饼成品如图 5-1-24 所示。

图 5-1-24 软件园红豆饼（制作人：李吉常）

（一）原料

面粉 5000 g，水 2250 g，酵母 60 g，红豆 2500 g，白砂糖 500 g。

（二）制作方法

（1）将红豆蒸熟，晾凉捣碎，加白砂糖调馅。

（2）向面粉中加入水和酵母，和成面团，揉匀醒发备用。

（3）将面团搓成长条，下成每个 110 g 的剂子，擀皮，包入 50 g 红豆馅，收口压成圆饼状，成皮胚。

（4）将皮胚放入电饼铛，200 ℃烙至两面金黄即可。

（三）营养分析

每 100 g 软件园红豆饼含热量 1473 kJ，营养分析如表 5-1-25 所示。

表 5-1-25 软件园红豆饼的营养分析

营养成分	每 100 g 总量中含量
蛋白质	16.5 g
脂肪	1.7 g
糖类	67.7 g
膳食纤维	3.8 g
胆固醇	0 mg
维生素 A	2 μgRAE
维生素 C	0 mg
钙	44 mg
钠	2.7 mg

二十五、软件园黏糕

软件园黏糕成品如图 5-1-25 所示。

图 5-1-25 软件园黏糕（制作人：毕思兰）

（一）原料

黄黏米面 5000 g，红枣 1000 g，白糖 250 g，水 2500 g，食用油 300 g。

（二）制作方法

（1）红枣洗净放入开水锅中，煮 2 min 捞出，沥水备用。

（2）向黄黏米面中加入沸水、白糖，和成面团备用。

（3）将面团分割成剂子，擀成面片放入笼屉，在面片上铺一层红枣，再盖一层面片，依次重复 3 次，上蒸炉蒸 20 min 成黏糕。

（4）晾凉后取出的黏糕放在抹油案板上切片，放入撒油的电饼铛，180 ℃烙至两面金黄即可。

（三）营养分析

每 100 g 软件园黏糕含热量 1444 kJ，营养分析如表 5-1-26 所示。

表 5-1-26 软件园黏糕的营养分析

营养成分	每 100 g 总量中含量
蛋白质	11.4 g
脂肪	2.2 g
糖类	69.8 g
膳食纤维	3.8 g
胆固醇	0 mg
维生素 A	0 μgRAE
维生素 C	2.24 mg
钙	34 mg
钠	2.4 mg

二十六、软件园肉丝饼

软件园肉丝饼成品如图 5-1-26 所示。

图 5-1-26 软件园肉丝饼（制作人：毕思兰）

（一）原料

面粉 5000 g，水 2250 g，酵母 60 g，猪肉 2500 g，植物油 200 g，食盐 30 g，辣椒丁 50 g，鸡精 20 g，料酒 50 g，老抽 50 g，蚝油 80 g，味达美酱油 50 g，香油 50 g，孜然面 150 g，芝麻 100 g。

（二）制作方法

（1）向面粉中加水和酵母，和成面团，揉匀醒发备用。

（2）将猪肉切丝放入盆内，加料酒、油、食盐、鸡精、老抽、蚝油、味达美酱油、香油、孜然面、辣椒丁，调馅备用。

（3）将醒好的面团揉匀、搓条，下成每个 110 g 的剂子，擀皮，包入 50 g 馅心，收口成生坯。

（4）将生坯摆入烤盘，放入烤箱，180 ℃烤 15 min 至两面金黄即可。

（三）营养分析

每 100 g 软件园肉丝饼含热量 1566 kJ，营养分析如表 5-1-27 所示。

表 5-1-27 软件园肉丝饼的营养分析

营养成分	每 100 g 总量中含量
蛋白质	14.7 g
脂肪	16.4 g
糖类	43.2 g
膳食纤维	1.5 g
胆固醇	24 mg
维生素 A	5 μgRAE
维生素 C	0.35 mg
钙	49 mg
钠	288.3 mg

二十七、曦园酥皮月饼

曦园酥皮月饼成品如图 5-1-27 所示。

（一）原料

中筋面粉 1000 g，食盐 5 g，糖粉 200 g，奶酥油 450 g，水 360 g，低筋面粉 1000 g，黄油 450 g，土豆粉 100 g，莲蓉 2400 g，蛋黄 1440 g。

（二）制作方法

（1）将中筋面粉、食盐、糖粉、奶酥油、水放入搅拌机，搅拌均匀上劲成面团备用。

（2）将低筋面粉、黄油、土豆粉放入打蛋器中，搅拌成油酥备用。

图 5-1-27 曦园酥皮月饼（制作人：周霞）

（3）将面团下成每个 18 g 的剂子，油酥下成每个 17 g 的剂子，面团包入油酥后擀成长圆皮，叠 3 次再擀长皮卷起，再擀皮，包入莲蓉 25 g、蛋黄 15 g 及馅心适量，摆入烤盘中，刷一层油成生坯。

（4）将生坯放入上温 200 ℃、下温 180 ℃的烤箱，烤制成熟即可。

（三）营养分析

每 100 g 曦园酥皮月饼含热量 1858 kJ，营养分析如表 5-1-28 所示。

表 5-1-28 曦园酥皮月饼的营养分析

营养成分	每 100 g 总量中含量
蛋白质	8.9 g
脂肪	21.8 g
糖类	53.1 g
膳食纤维	1.4 g
胆固醇	56 mg
维生素 A	46 μgRAE
维生素 C	0 mg
钙	38 mg
钠	67.9 mg

附：馅心的原料及制作方法

（一）馅心原料

面粉 12.5 kg，黑芝麻 500 g，花生仁 5 kg，白芝麻 5 kg，南瓜子 2.5 kg，瓜子仁 2.5 kg，核桃仁 3 kg，腰果 500 g，松子 500 g，糖 1.5 kg，玫瑰酱 5 kg，橙皮丁 1.5 kg，花生油 6 kg，糖浆 10 kg，蛋液 2000 g。

（二）馅心制作方法

（1）将面粉、黑芝麻、花生仁、白芝麻、南瓜子、瓜子仁、核桃仁、腰果、松子分别烤熟备用。

（2）将烤熟的面粉、黑芝麻、花生仁、白芝麻、南瓜子、瓜子仁、核桃仁、腰果、松子与糖、玫瑰酱、橙皮丁、花生油、糖浆放在一起搅拌均匀，制成月饼馅心即可。

二十八、曦园黄米烙

曦园黄米烙成品如图 5-1-28 所示。

图 5-1-28 曦园黄米烙（制作人：周霞）

（一）原料

大黄米 4000 g，面粉 1000 g，白糖 1400 g，鸡蛋 20 个（约 1200 g），水 2500 g，食盐 30 g，鲜酵母 40 g。

（二）制作方法

（1）将大黄米洗净，加水上锅蒸熟、取出、晾凉，加入适量白糖搅匀成馅料。

（2）面粉加鸡蛋、食盐和成面团，搓条，下成每个 80 g 的剂子，擀成圆形面皮，包入 200 g 馅心。从周边开始折成圆形，压成圆饼状，放入电饼铛中，180 ℃烙成两面金黄色，改十字花刀即可。

（三）营养分析

每 100 g 曦园黄米烙含热量 1229 kJ，营养分析如表 5-1-29 所示。

表 5-1-29 曦园黄米烙的营养分析

营养成分	每 100 g 总量中含量
蛋白质	11.1 g
脂肪	3.4 g
糖类	61.4 g
膳食纤维	1.9 g
胆固醇	122 mg
维生素 A	49 μgRAE
维生素 C	0 mg
钙	31 mg
钠	28.9 mg

二十九、曦园咖喱饭

曦园咖喱饭成品如图 5-1-29 所示。

图 5-1-29 曦园咖喱饭（制作人：王洪磊）

（一）原料

米饭 5000 g，鸡腿肉 5000 g，香茅草 2 g，咖喱膏 220 g，咖喱粉 20 g，椰浆 400 g，黄姜粉 30 g，高汤 2000 g，花生酱 200 g，食盐 50 g，糖 100 g，土豆 2500 g，胡萝卜 1500 g，西兰花 1000 g，洋葱 750 g，葱 200 g，姜 200 g，照烧汁 500 g，蚝油 50 g，蜂蜜 100 g。

（二）制作方法

（1）将鸡腿肉洗净，加入照烧汁 200 g，蚝油、蜂蜜适量，腌制 1 h，万能烤箱设置 180 ℃，烤 20 min 备用。

（2）将西兰花洗净，择成小朵，焯水焯透，调拌入味；土豆、胡萝卜洗净切成丁焯水；洋葱剥皮切成丁；香茅草熬水备用。

（3）起锅烧油，加入洋葱丁煸炒出香味，加入咖喱粉、咖喱膏炒香，倒入熬好的香茅草水、土豆丁、胡萝卜丁、椰浆等辅料，熬至土豆熟烂成咖喱酱。

（4）盘内装入米饭，放入西兰花，加上烤好的鸡腿肉，浇上少许照烧汁，淋上土豆咖喱酱即可。

（三）营养分析

每 100 g 曦园咖喱饭含热量 527 kJ，营养分析如表 5-1-30 所示。

表 5-1-30 曦园咖喱饭的营养分析

营养成分	每 100 g 总量中含量
蛋白质	8 g
脂肪	3 g
糖类	16.6 g
膳食纤维	0.9 g
胆固醇	30 mg
维生素 A	37 µgRAE
维生素 C	3.95 mg
钙	26 mg
钠	369.9 mg

三十、曦园大素包

曦园大素包成品如图 5-1-30 所示。

（一）原料

面粉 4500 g，麸面 500 g，水 2500 g，酵母 50 g，泡打粉 20 g，粉条 2500 g，小白菜 1500 g，油炸豆腐丁 1000 g，姜末 300 g，葱末 150 g，食盐 50 g，胡椒粉 180 g，鸡精 20 g，十三香 50 g，油 400 g，香油 100 g。

图 5-1-30 曦园大素包（制作人：周霞）

（二）制作方法

（1）将豆腐蒸熟、蒸透，取出晾凉，切成 1 cm 厚的豆腐块，再入油锅炸成浅黄色，切成小丁；小白菜、粉条焯水捞出、晾凉切成末。

（2）将葱、姜、炸豆腐丁、粉条末、小白菜末、胡椒粉、食盐、香油、十三香、油搅拌均匀，调成馅料。

（3）向面粉中加入酵母、水，和成面团，揉匀醒发备用。

（4）将面团搓成长条，下成每个 70 g 的剂子，擀成面皮，左手托皮，右手挑入 70 g 馅料，左手指向内虚拢，右手捏起皮边沿，随收口随捏褶边，收口处呈菊花顶状，整齐放入笼屉内醒发。

（5）将醒发的包子放入蒸箱，蒸制约 30 min 即成。

（三）营养分析

每 100 g 曦园大素包含热量 1051 kJ，营养分析如表 5-1-31 所示。

表 5-1-31 曦园大素包的营养分析

营养成分	每 100 g 总量中含量
蛋白质	6.8 g
脂肪	7.7 g
糖类	38.8 g
膳食纤维	1.6 g
胆固醇	0 mg
维生素 A	49 μgRAE
维生素 C	20.14 mg
钙	61 mg
钠	290.4 mg

第二节 主食花样食品

一、馒头

馒头成品如图 5-2-1 所示。

图 5-2-1 馒头

（一）原料

面粉 5000 g，酵母 60 g，水 2500 g。

（二）制作方法

（1）将面粉放入盆中，加酵母、水和成面团，揉匀醒发备用。

（2）将面团用压面机压至两面光滑，下成每个 125 g 的面剂，揉成馒头状生坯，整齐放入蒸盘内醒发。

（3）将醒好的馒头生坯放入蒸箱，蒸 30 min 即成。

（三）营养分析

每 100 g 馒头含热量 1494 kJ，营养分析如表 5-2-1 所示。

表 5-2-1 馒头的营养分析

营养成分	每 100 g 总量中含量
蛋白质	15.5 g
脂肪	2.5 g
糖类	68.4 g
膳食纤维	2.1 g
胆固醇	0 mg
维生素 A	0 µgRAE
维生素 C	0 mg
钙	31 mg
钠	3.3 mg

二、黑香米馒头

黑香米馒头成品如图 5-2-2 所示。

图 5-2-2 黑香米馒头

（一）原料

面粉 2500 g，黑米面 2500 g，酵母 50 g，水 2250 g。

（二）制作方法

（1）将黑米面、面粉拌匀，加酵母、水和成面团，醒发备用。

（2）将面团用压面机压至两面光滑，下成每个 110 g 的面剂，揉成馒头状生坯，整齐放入笼屉内醒发。

（3）将醒好的馒头生坯放入蒸箱，蒸 30 min 即成。

（三）营养分析

每 100 g 黑香米馒头含热量 1478 kJ，营养分析如表 5-2-2 所示。

表 5-2-2 黑香米馒头的营养分析

营养成分	每 100 g 总量中含量
蛋白质	13.5 g
脂肪	2.5 g
糖类	69.2 g
膳食纤维	2.7 g
胆固醇	0 mg
维生素 A	0 μgRAE
维生素 C	0 mg
钙	25 mg
钠	4.5 mg

三、玉米面馒头

玉米面馒头成品如图 5-2-3 所示。

图 5-2-3 玉米面馒头

（一）原料

脱皮玉米面 2500 g，面粉 2500 g，酵母 60 g，水 2250 g。

（二）制作方法

（1）将玉米面、面粉拌匀，加酵母、水和成面团，揉匀醒发备用。

（2）将面团用压面机压至两面光滑，搓成长条状，下成每个 110 g 的面剂，揉成馒头状生坯，整齐放入笼屉内醒发。

（3）将醒好的玉米面馒头生坯放入蒸箱，蒸制 30 min 即成。

（三）营养分析

每 100 g 玉米面馒头含热量 1473 kJ，营养分析如表 5-2-3 所示。

表 5-2-3 玉米面馒头的营养分析

营养成分	每 100 g 总量中含量
蛋白质	11.9 g
脂肪	2 g
糖类	71.5 g
膳食纤维	3.8 g
胆固醇	0 mg
维生素 A	1 μgRAE
维生素 C	0 mg
钙	26 mg
钠	2.9 mg

四、地瓜馒头

地瓜馒头成品如图 5-2-4 所示。

图 5-2-4 地瓜馒头

（一）原料

面粉 3000 g，地瓜 2500 g，鲜酵母 35 g，水 600 g。

（二）制作方法

（1）将地瓜去皮、蒸熟，凉透待用。

（2）酵母搓碎与面粉拌匀，加入地瓜、水，和成面团，揉匀醒发备用。

（3）将面团用压面机压至两面光滑，搓成长条，下成每个 110 g 的面剂，揉成馒头状生坯，整齐摆入笼内醒发。

（4）将醒好的馒头生坯放入蒸箱，蒸 30 min 即成。

（三）营养分析

每 100 g 地瓜馒头含热量 1038 kJ，营养分析如表 5-2-4 所示。

表 5-2-4 地瓜馒头的营养分析

营养成分	每 100 g 总量中含量
蛋白质	10 g
脂肪	1.6 g
糖类	48.4 g
膳食纤维	1.9 g
胆固醇	0 mg
维生素 A	23 μgRAE
维生素 C	1.49 mg
钙	26 mg
钠	28.4 mg

五、三合面馒头

三合面馒头成品如图 5-2-5 所示。

图 5-2-5 三合面馒头

（一）原料

豆面 500 g，小米面 500 g，脱皮玉米面 1500 g，面粉 2500 g，酵母 60 g，水 2500 g。

（二）制作方法

（1）将豆面、小米面、脱皮玉米面、面粉拌匀，加酵母、水和成面团，揉匀醒发备用。

（2）将面团用压面机压至两面光滑，搓成长条，下成每个 110 g 的面剂，揉成馒头，整齐摆入笼屉内醒发。

（3）将醒好的三合面馒头生坯放入蒸箱，蒸 30 min 即成。

（三）营养分析

每 100 g 三合面馒头含热量 1482 kJ，营养分析如表 5-2-5 所示。

表 5-2-5 三合面馒头的营养分析

营养成分	每 100 g 总量中含量
蛋白质	13.1 g
脂肪	2 g
糖类	70.9 g
膳食纤维	3.4 g
胆固醇	0 mg
维生素 A	2 μgRAE
维生素 C	0 mg
钙	39 mg
钠	3.3 mg

六、南瓜馒头

南瓜馒头成品如图 5-2-6 所示。

图 5-2-6 南瓜馒头

（一）原料

面粉 3000 g，南瓜 2000 g，糯米粉 500 g，酵母 30 g，白糖 300 g，水 600 g，泡打粉适量。

（二）制作方法

（1）将南瓜去皮、去瓤，蒸熟、凉透，捣成泥备用。

（2）南瓜泥加入白糖、糯米粉、面粉（1000 g）、泡打粉，和成南瓜面团；剩余面粉加酵母、水和成面团，揉匀醒发备用。

（3）将面团与南瓜面团分别擀开，叠在一起，卷起成长条状，下成每个 110 g 的面剂，揉成馒头生坯，整齐摆入笼内醒发。

（4）将醒好的馒头生坯放入蒸箱，蒸 30 min 即成。

（三）营养分析

每 100 g 南瓜馒头含热量 1072 kJ，营养分析如表 5-2-6 所示。

表 5-2-6 南瓜馒头的营养分析

营养成分	每 100 g 总量中含量
蛋白质	9.1 g
脂肪	1.4 g
糖类	51.7 g
膳食纤维	1.4 g
胆固醇	0 mg
维生素 A	23 μgRAE
维生素 C	2.49 mg
钙	24 mg
钠	2.2 mg

七、鲜肉水饺

鲜肉水饺成品如图 5-2-7 所示。

（一）原料

面粉 5000 g，水 2250 g，猪肉 2500 g，酱油 250 g，花生油 250 g，花椒水 1000 g，葱 200 g，姜 100 g，食盐 50 g，香油 30 g，鸡精 20 g。

图 5-2-7 鲜肉水饺

（二）制作方法

（1）面粉用 30 ℃的水和成冷水面团，醒好揉匀，搓成长条后下成每个 10 g 的剂子，擀成圆皮备用。

（2）猪肉洗净，用绞肉机绞成细泥，葱、姜切成细末备用。

（3）绞好的肉放入盆内，加入食盐、葱、姜、鸡精、花生油、香油调匀，倒入酱油、花椒水兑成的汁，顺同一方向搅拌，边搅拌边加入兑汁，直至兑汁全部加完，上劲成肉馅备用。

（4）取一张圆皮，包入 8 g 馅心，向中间对折捏紧，再从两边同时向中间叠拢，捏成木鱼形生坯。

（5）锅内加入清水烧开，下入生坯（下坯时要分散下，不要太多、太集中），边下边用手勺轻轻推转，防止粘底。先后开锅三次，点三次冷水，待水饺全部浮起即可。

（三）营养分析

每 100 g 鲜肉水饺含热量 1536 kJ，营养分析如表 5-2-7 所示。

表 5-2-7 鲜肉水饺的营养分析

营养成分	每 100 g 总量中含量
蛋白质	13.5 g
脂肪	15.8 g
糖类	42.5 g
膳食纤维	1.4 g
胆固醇	24 mg
维生素 A	6 μgRAE
维生素 C	0.12 mg
钙	26 mg
钠	458.1 mg

八、白菜猪肉水饺

白菜猪肉水饺成品如图 5-2-8 所示。

（一）原料

面粉 5000 g，水 2250 g，猪肉 2500 g，白菜 2500 g，食盐 50 g，鸡精 15 g，葱末 100 g，姜末 80 g，香油 100 g，花生油 250 g，花椒面 20 g，酱油 250 g。

（二）制作方法

（1）将白菜洗净、碎，加食盐腌后挤干水分；猪肉

图 5-2-8 白菜猪肉水饺

洗净切成小丁，放入盆内，加酱油、花生油、花椒面拌和腌制，然后加入白菜、姜末、葱末、香油、食盐、鸡精，调和成馅备用。

（2）面粉用 30 ℃的水和成冷水面团，醒好揉匀，搓成长条后下成每个 10 g 的剂子，擀成圆皮备用。

（3）取一张圆皮，包入 8 g 馅心，向中间对折捏紧，再从两边同时向中间叠拢，捏成木鱼形生坯。

（4）锅内加入清水烧开，下入生坯（下坯时要分散下，不要太多、太集中），边下边用手勺轻轻推转，防止粘底。先后开锅三次，点三次冷水，待水饺全部浮起即可。

（三）营养分析

每 100 g 白菜猪肉水饺含热量 1180 kJ，营养分析如表 5-2-8 所示。

表 5-2-8 白菜猪肉水饺的营养分析

营养成分	每 100 g 总量中含量
蛋白质	10.4 g
脂肪	12.4 g
糖类	32.2 g
膳食纤维	1.3 g
胆固醇	18 mg
维生素 A	6 μgRAE
维生素 C	9.95 mg
钙	34 mg
钠	357.5 mg

九、胡萝卜羊肉水饺

胡萝卜羊肉水饺成品如图 5-2-9 所示。

（一）原料

面粉 5000 g，水 2250 g，羊肉 2500 g，胡萝卜 2500 g，葱末 100 g，姜末 50 g，花椒水 1250 g，酱油 200 g，香油 200 g，花生油 200 g，食盐 50 g，鸡精 15 g。

（二）制作方法

（1）胡萝卜焯水剁碎；羊肉洗净，用绞肉机绞成细泥备用。

图 5-2-9 胡萝卜羊肉水饺

（2）羊肉放入盆内，加入酱油和花椒水兑成的汁，顺同一方向搅拌，边搅拌边加入兑汁，直至兑汁加完，上劲，然后加入食盐、葱末、姜末、花生油、香油、胡萝卜调匀成馅备用。

（3）面粉用 30 ℃的水和成冷水面团，醒好揉匀，搓成长条后下成每个 10 g 的剂子，擀成圆皮备用。

（4）取一张圆皮包入 8 g 馅心，向中间对折捏紧，再从两边同时向中间叠拢，捏成木鱼形生坯。

（5）锅内加入清水烧开，下入生坯（下坯时要分散下，不要太多、太集中），边下边用手勺轻轻推转，防止粘底。先后开锅三次，点三次冷水，待水饺全部浮起即可。

（三）营养分析

每 100 g 胡萝卜羊肉水饺含热量 1088 kJ，营养分析如表 5-2-9 所示。

表 5-2-9 胡萝卜羊肉水饺的营养分析

营养成分	每 100 g 总量中含量
蛋白质	12.1 g
脂肪	8.2 g
糖类	34.6 g
膳食纤维	1.4 g
胆固醇	21 mg
维生素 A	82 μgRAE
维生素 C	3.74 mg
钙	27 mg
钠	339.8 mg

十、花素水饺

花素水饺成品如图 5-2-10 所示。

（一）原料

面粉 5000 g，水 2250 g，鸡蛋 1200 g，海米 300 g，时令蔬菜 2500 g，笋 450 g，豆腐干 450 g，水发木耳 500 g，粉丝 500 g，香油 100 g，鸡精 15 g，食盐 50 g，花生油 300 g，葱末 100 g，姜末 50 g。

图 5-2-10 花素水饺

（二）制作方法

（1）将鸡蛋炒熟剁碎；海米用温水泡透切碎；时令蔬菜焯水，捞出过凉，沥水后剁碎；笋用沸水一烫后切碎；木耳洗净切碎；粉丝用开水煮透剁碎。以上原料均放入盆内，加入香油、鸡精、葱姜末、食盐、花生油拌匀成馅备用。

（2）面粉用 30 ℃的水和成冷水面团，醒好揉匀，搓成长条后，下成每个 10 g 的剂子，擀成圆皮备用。

（3）取一张圆皮包入 8 g 馅心，向中间对折捏紧，再从两边同时向中间叠拢，捏成木鱼形生坯。

（4）锅内加入清水烧开，下入生坯（下坯时要分散下，不要太多、太集中），边下边用手勺轻轻推转，防止粘底。先后开锅三次，点三次冷水，待水饺全部浮起即可。

（三）营养分析

每 100 g 花素水饺含热量 971 kJ，营养分析如表 5-2-10 所示。

表 5-2-10 花素水饺的营养分析

营养成分	每 100 g 总量中含量
蛋白质	10.6 g
脂肪	5.7 g
糖类	34.5 g
膳食纤维	1.4 g
胆固醇	88 mg
维生素 A	64 μgRAE
维生素 C	13.72 mg
钙	81 mg
钠	375.6 mg

十一、鱼肉水饺

鱼肉水饺成品如图 5-2-11 所示。

（一）原料

面粉 5000 g，水 2250 g，去骨鱼肉 2500 g，肥猪肉膘 400 g，韭菜 1250 g，鸡精 15 g，香油 100 g，食盐 50 g，南酒 50 g，蛋清 20 个（1200 g）。

（二）制作方法

（1）将去骨鱼肉与肥肉绞成蓉，韭菜切碎。

（2）将鱼蓉放入盆内，加食盐、鸡精、南酒、水顺时针搅拌，并逐步加入水上劲，然后加韭菜、香油调匀，即成鱼肉馅。

图 5-2-11 鱼肉水饺

（3）面粉用 30 ℃的水和成冷水面团，揉匀，搓成长条后下成每个 10 g 的剂子，擀成圆皮备用。

（4）取一张圆皮包入 8 g 馅心，向中间对折捏紧，再从两边同时向中间叠拢，捏成木鱼形生坯。

（5）锅内加入清水烧开，下入生坯（下坯时要分散下，不要太多、太集中），边下边用手勺轻轻推转，防止粘底。先后开锅三次，点三次冷水，待水饺全部浮起即可。

（三）营养分析

每 100 g 鱼肉水饺含热量 1076 kJ，营养分析如表 5-2-11 所示。

表 5-2-11 鱼肉水饺的营养分析

营养成分	每 100 g 总量中含量
蛋白质	14.3 g
脂肪	6.5 g
糖类	35.4 g
膳食纤维	1.2 g
胆固醇	23 mg
维生素 A	9 μgRAE
维生素 C	1.85 mg
钙	28 mg
钠	251 mg

十二、香菜鸡冠饺

香菜鸡冠饺成品如图 5-2-12 所示。

图 5-2-12 香菜鸡冠饺

（一）原料

澄粉 3500 g，生粉 1500 g，沸水 2500 g，猪肉 2500 g，胡萝卜 500 g，香菜 500 g，食盐 50 g，白糖 90 g，味精 20 g。

（二）制作方法

（1）将澄粉、生粉的一半放入盆内，加沸水搅拌均匀，稍醒，然后将剩余的一半生粉倒入，揉至表面光滑，搓成长条，下成每个 10 g 的剂子，分别擀成圆皮备用。

（2）猪肉剁成泥；胡萝卜切成细丝，焯水，捞出后过凉、控水；香菜切成末备用。

（3）将肉泥、胡萝卜丝、香菜末放入盆内，加食盐、糖、味精调拌均匀成馅，备用。

（4）取一张圆皮包入 8 g 馅心，向中间对折捏紧，再从两边同时向中间叠拢，捏出鸡冠形花纹成生坯。

（5）把生坯摆入蒸盘内，放入蒸箱，蒸 15 min 即可。

（三）营养分析

每 100 g 香菜鸡冠饺含热量 1310 kJ，营养分析如表 5-2-12 所示。

表 5-2-12 香菜鸡冠饺的营养分析

营养成分	每 100 g 总量中含量
蛋白质	3.4 g
脂肪	9 g
糖类	54.6 g
膳食纤维	0.2 g
胆固醇	19 mg
维生素 A	29 μgRAE
维生素 C	5.26 mg
钙	22 mg
钠	212.9 mg

十三、四喜蒸饺

四喜蒸饺成品如图 5-2-13 所示。

图 5-2-13 四喜蒸饺

（一）原料

面粉 5000 g，水 2500 g，虾肉馅 4000 g，火腿末 400 g，蛋黄末 400 g，香菇末 400 g，青菜末 400 g。

（二）制作方法

（1）将面粉加入 50 ℃的温水，和成面团，醒发备用。

（2）将面团揉匀，搓成长条，下成每个 20 g 的剂子，擀成边缘薄中间厚、直径约 9 cm 的圆皮备用。

（3）取一张圆皮，放入 10 g 馅心，将四周分四等份向上捏拢，中间捏紧成四个孔洞，每个孔洞的侧面部分与另一孔洞的侧面部分粘住，形成四个大孔洞，中间有四个小孔洞。将四个大孔洞的圆角捏成尖角，并在大孔洞中分别镶嵌青菜末、火腿末、蛋黄末、香菇末，即成生坯。

（4）把生坯摆入蒸盘内，放入蒸箱，蒸 15 min 左右即可。

（三）营养分析

每 100 g 四喜蒸饺含热量 1298 kJ，营养分析如表 5-2-13 所示。

表 5-2-13 四喜蒸饺的营养分析

营养成分	每 100 g 总量中含量
蛋白质	14.5 g
脂肪	13.7 g
糖类	32.1 g
膳食纤维	1 g
胆固醇	114 mg
维生素 A	28 µgRAE
维生素 C	2.5 mg
钙	36 mg
钠	103.2 mg

十四、双色卷

双色卷成品如图 5-2-14 所示。

图 5-2-14 双色卷

（一）原料

（1）白色面团：中筋面粉 2500 g，白糖 250 g，酵母 30 g，奶粉 50 g，水 1150 g。

（2）紫色面团：黑米面 2500 g，白糖 200 g，酵母 30 g，奶粉 40 g，水 1150 g。

（二）制作方法

（1）白色面团：向中筋面粉中加白糖、酵母、奶粉和水，和成面团，醒发备用。

（2）紫色面团：向黑米面中加酵母、白糖、奶粉及水，和成面团，醒发备用。

（3）将白色面团擀成长 20 cm、厚 2 mm 的长方形面片；再将紫色面团擀成长 18 cm、厚 2 mm 的面片，将两块面片重摞起来，卷成筒形，切成每个 110 g 的面剂成生坯。

（4）把生坯摆入蒸盘内，待生坯醒发至表面光滑、膨松时，放入蒸箱，蒸 15 min 即成。

（三）营养分析

每 100 g 双色卷含热量 1381 kJ，营养分析如表 5-2-14 所示。

表 5-2-14 双色卷的营养分析

营养成分	每 100 g 总量中含量
蛋白质	12.7 g
脂肪	2.4 g
糖类	64.5 g
膳食纤维	1.7 g
胆固醇	1 mg
维生素 A	14 μgRAE
维生素 C	1.2 mg
钙	43 mg
钠	9.1 mg

十五、葱油卷

葱油卷成品如图 5-2-15 所示。

图 5-2-15 葱油卷

（一）原料

中筋面粉 5000 g，酵母 60 g，葱末 1000 g，食用油 300 g，食盐 50 g，水 2250 g。

（二）制作方法

（1）向中筋面粉中加酵母和水，和成面团，揉匀醒发备用。

（2）将面团擀成长方形片，刷上油，撒上食盐及葱末，从一头向另一头叠起，叠好的面卷切成每个 110 g 的面剂成生坯。

（3）把生坯摆入蒸盘内，待生坯醒发至表面光滑、膨松时，放入蒸箱，蒸 15 min 即成。

（三）营养分析

每 100 g 葱油卷含热量 1486 kJ，营养分析如表 5-2-15 所示。

表 5-2-15 葱油卷的营养分析

营养成分	每 100 g 总量中含量
蛋白质	12.4 g
脂肪	9.7 g
糖类	54.5 g
膳食纤维	1.9 g
胆固醇	0 mg
维生素 A	1 μgRAE
维生素 C	0.37 mg
钙	33 mg
钠	307.6 mg

十六、广式腊肠卷

广式腊肠卷成品如图 5-2-16 所示。

图 5-2-16 广式腊肠卷

（一）原料

中筋面粉 5000 g，白糖 500 g，酵母 60 g，水 2250 g，广式腊肠 25 根。

（二）制作方法

（1）向面粉中加入白糖、酵母和水，和成面团，揉匀醒发备用。

（2）广式腊肠用斜刀切成约 5 cm 的段。

（3）将面团用压面机压至两面光滑，搓成长条，下成每个 30 g 的剂子，搓成细长条，缠绕在腊肠段外面成生坯。

（4）把生坯摆入蒸盘内，待生坯醒发至表面光滑、膨松时，放入蒸箱，蒸 15 min 即成。

（三）营养分析

每 100 g 广式腊肠卷含热量 1674 kJ，营养分析如表 5-2-16 所示。

表 5-2-16 广式腊肠卷的营养分析

营养成分	每 100 g 总量中含量
蛋白质	14.4 g
脂肪	9.9 g
糖类	63.3 g
膳食纤维	1.4 g
胆固醇	15 mg
维生素 A	0 μgRAE
维生素 C	0 mg
钙	26 mg
钠	243.4 mg

十七、葱香糯米卷

葱香糯米卷成品如图 5-2-17 所示。

图 5-2-17 葱香糯米卷

（一）原料

面粉 3000 g，糯米 2000 g，小香葱 500 g，精肉丁 250 g，鲜酵母 50 g，水 1250 g，食盐 30 g，鸡精 5 g，酱油 50 g，白糖 20 g，花生油 150 g。

（二）制作方法

（1）糯米洗净蒸熟，香葱洗净切末。

（2）锅内加油，烧至五成热时放入肉粒，煸炒至肉色发白，放入香葱炒出香味，倒入熟糯米翻炒，加白糖、食盐、味精、酱油翻炒入味，做成馅料。

（3）面粉中放入酵母、水，和成面团，揉匀醒发备用。

（4）将面团用压面机压至两面光滑，放在撒有一层面粉的面板上擀成长方形面片备用。

（5）面片上刷油，均匀地抹上糯米馅，顺长边向对边卷起，下成每个 110 g 的面剂成生坯。

（6）把生坯摆入蒸盘内，待生坯醒发至表面光滑、膨松时，放入蒸箱，蒸 15 min 即成。

（三）营养分析

每 100 g 葱香糯米卷含热量 1352 kJ，营养分析如表 5-2-17 所示。

表 5-2-17 葱香糯米卷的营养分析

营养成分	每 100 g 总量中含量
蛋白质	11.5 g
脂肪	5.1 g
糖类	57.9 g
膳食纤维	1.5 g
胆固醇	4 mg
维生素 A	10 μgRAE
维生素 C	2.2 mg
钙	32 mg
钠	107.9 mg

十八、麻酱花卷

麻酱花卷成品如图 5-2-18 所示。

图 5-2-18 麻酱花卷

（一）原料

面粉 5000 g，酵母 60 g，水 2250 g，麻酱 1000 g，食盐 50 g，花生油 500 g。

（二）制作方法

（1）面粉放入酵母、水，和成面团，揉匀醒发备用。

（2）将面团用压面机压至两面光滑，放在撒有一层面粉的面板上，擀成长方形面片备用。

（3）面片上刷油，均匀地抹上麻酱、撒上食盐，顺长边向对边卷起，下成每个 110 g 的面剂作为生坯。

（4）把生坯摆入蒸盘内，待生坯醒发至表面光滑、膨松时，放入蒸箱，蒸 15 min 即成。

（三）营养分析

每 100 g 麻酱花卷含热量 1557 kJ，营养分析如表 5-2-18 所示。

表 5-2-18 麻酱花卷的营养分析

营养成分	每 100 g 总量中含量
蛋白质	15.5 g
脂肪	4.9 g
糖类	66.3 g
膳食纤维	2.2 g
胆固醇	0 mg
维生素 A	0 μgRAE
维生素 C	0 mg
钙	72 mg
钠	190.2 mg

十九、豆腐卷

豆腐卷成品如图 5-2-19 所示。

图 5-2-19 豆腐卷

（一）原料

面粉 5000 g，酵母 60 g，水 2250 g，鲜豆腐 1000 g，食盐 30 g，葱末 170 g，鸡精 20 g，花生油 100 g。

（二）制作方法

（1）面粉放入酵母、水，和成面团，揉匀醒发备用。

（2）将鲜豆腐打碎，加入食盐、鸡精、葱末、花生油，调成豆腐馅备用。

（3）将面团用压面机压至两面光滑，放在撒有一层面粉的面板上，擀成长方形面片备用。

（4）将豆腐馅均匀地摊在面片上，顺长边向对边卷起后，用刀切成每个 110 g 的面剂成生坯。

（5）把生坯摆入蒸盘内，待生坯醒发至表面光滑、膨松时，放入蒸箱，蒸 15 min 即成。

（三）营养分析

每 100 g 豆腐卷含热量 1100 kJ，营养分析如表 5-2-19 所示。

表 5-2-19 豆腐卷的营养分析

营养成分	每 100 g 总量中含量
蛋白质	12 g
脂肪	4.2 g
糖类	44.3 g
膳食纤维	1.5 g
胆固醇	0 mg
维生素 A	0 μgRAE
维生素 C	0.08 mg
钙	47 mg
钠	272.4 mg

二十、椒盐花卷

椒盐花卷成品如图 5-2-20 所示。

图 5-2-20 椒盐花卷

（一）原料

面粉 5000 g，酵母 60 g，水 2250 g，花椒盐 100 g，食用油 500 g。

（二）制作方法

（1）面粉放入酵母、水，和成面团，揉匀醒发备用。

（2）将面团先用压面机压至两面光滑，放在撒有面粉的面板上擀平，刷上油，撒上花椒盐，卷起成长筒状，切成每个 110 g 的剂子，然后相叠，拧在一起成生坯。

（3）把生坯摆入蒸盘内，待生坯醒发至表面光滑、膨松时，放入蒸箱，蒸 15 min 即成。

（三）营养分析

每 100 g 椒盐花卷含热量 1507 kJ，营养分析如表 5-2-20 所示。

表 5-2-20 椒盐花卷的营养分析

营养成分	每 100 g 总量中含量
蛋白质	15.3 g
脂肪	3.1 g
糖类	67.6 g
膳食纤维	2.1 g
胆固醇	0 mg
维生素 A	0 μgRAE
维生素 C	0 mg
钙	32 mg
钠	155.8 mg

二十一、红枣卷

红枣卷成品如图 5-2-21 所示。

图 5-2-21 红枣卷

（一）原料

面粉 5000 g，酵母 60 g，水 2250 g，红枣 750 g。

（二）制作方法

（1）面粉放入酵母、水，和成面团，揉匀醒发备用。

（2）将面团用压面机压至两面光滑，搓成长条，下成每个 110 g 的剂子，擀成厚 0.5 cm、宽 8 cm 的薄片，在面片中间放置两枚红枣，从两端向中间卷起成生坯。

（3）把生坯摆入蒸盘内，待生坯醒发至表面光滑、膨松时，放入蒸箱，蒸 15 min 即成。

（三）营养分析

每 100 g 红枣卷含热量 1494 kJ，营养分析如表 5-2-21 所示。

表 5-2-21 红枣卷的营养分析

营养成分	每 100 g 总量中含量
蛋白质	15.5 g
脂肪	2.5 g
糖类	68.4 g
膳食纤维	2.1 g
胆固醇	0 mg
维生素 A	0 μgRAE
维生素 C	0 mg
钙	31 mg
钠	3.3 mg

二十二、咖喱花卷

咖喱花卷成品如图 5-2-22 所示。

图 5-2-22 咖喱花卷

（一）原料

中筋面粉 5000 g，酵母 60 g，咖喱粉 100 g，葱末 500 g，食用油 500 g，食盐 50 g，水 2500 g。

（二）制作方法

（1）将中筋面粉加酵母、水和成酵母面团，揉匀醒发备用。

（2）将面团擀成方形面片，刷上油，均匀撒上咖喱粉、葱末和食盐，卷起成单圆筒形。

（3）用刀将圆筒切成 110 g 的长段，用筷子在面段中间按压一下，捏住两端，卷成麻花状，再将两端合拢捏在一起成咖喱花卷生坯，接头朝下摆入蒸盘内。

（4）待生坯醒发至表面光滑、膨松时，放入蒸箱，蒸 15 min 即可。

（三）营养分析

每 100 g 咖喱花卷含热量 1557 kJ，营养分析如表 5-2-22 所示。

表 5-2-22 咖喱花卷的营养分析

营养成分	每 100 g 总量中含量
蛋白质	12.9 g
脂肪	10.2 g
糖类	57.1 g
膳食纤维	2.4 g
胆固醇	0 mg
维生素 A	1 μgRAE
维生素 C	0.27 mg
钙	39 mg
钠	382.1 mg

二十三、莲花卷

莲花卷成品如图 5-2-23 所示。

图 5-2-23 莲花卷

（一）原料

中筋面粉 5000 g，酵母 60 g，水 2500 g，食用油 300 g，枸杞若干。

（二）制作方法

（1）向中筋面粉中加酵母、水，和成面团，揉匀醒发备用。

（2）将面团搓条，下成每个 110 g 的剂子，擀成 1 mm 厚的圆皮，刷上油，撒上干面粉和枸杞，先对折成半圆形，再折叠成三角形，切两刀备用。

（3）把切开的两个面剂的面块从大到小依次摞起来，先用筷子在中间按一下，再顺着两端用筷子按一下成生坯。

（4）把生坯摆入蒸盘内，待生坯醒发至表面光滑、膨松时，放入蒸箱，蒸 15 min 即可。

（三）营养分析

每 100 g 莲花卷含热量 1490 kJ，营养分析如表 5-2-23 所示。

表 5-2-23 莲花卷的营养分析

营养成分	每 100 g 总量中含量
蛋白质	15.4 g
脂肪	2.4 g
糖类	68.1 g
膳食纤维	2.1 g
胆固醇	0 mg
维生素 A	0 μgRAE
维生素 C	0 mg
钙	30 mg
钠	3.3 mg

二十四、西瓜卷

西瓜卷成品如图 5-2-24 所示。

图 5-2-24 西瓜卷

（一）原料

中筋面粉 5000 g，酵母 60 g，水 2500 g。

（二）制作方法

（1）向中筋面粉中加酵母、水，和成面团，揉匀醒发备用。

（2）将面团搓条，下成每个 110 g 的剂子，搓成约 40 cm 长的条，按扁，叠四折后再对折，两头捏在一起，用筷子挑起环部翻转半圈，再将筷子挑端与手捏端合拢成生坯。

（3）把生坯摆入蒸盘内，醒发至表面光滑、膨松时，放入蒸箱，蒸 15 min 即可。

（三）营养分析

每 100 g 西瓜卷含热量 1490 kJ，营养分析如表 5-2-24 所示。

表 5-2-24 西瓜卷的营养分析

营养成分	每 100 g 总量中含量
蛋白质	15.4 g
脂肪	2.4 g
糖类	68.1 g
膳食纤维	2.1 g
胆固醇	0 mg
维生素 A	0 μgRAE
维生素 C	0 mg
钙	30 mg
钠	3.3 mg

二十五、结子卷

结子卷成品如图 5-2-25 所示。

图 5-2-25 结子卷

（一）原料

中筋面粉 5000 g，酵母 60 g，水 2500 g。

（二）制作方法

（1）向中筋面粉中加酵母、水，和成面团，揉匀醒发备用。

（2）将面团搓条，下成每个 110 g 的剂子，搓成长条后，两只手拿住两头向相反的方向盘卷成两个卷，再用筷子从中间夹一下成生坯。

（3）把生坯摆入蒸盘内，待生坯醒发至表面光滑、膨松时，放入蒸箱，蒸 15 min 即可。

（三）营养分析

每 100 g 结子卷含热量 1490 kJ，营养分析如表 5-2-25 所示。

表 5-2-25 结子卷的营养分析

营养成分	每 100 g 总量中含量
蛋白质	15.4 g
脂肪	2.4 g
糖类	68.1 g
膳食纤维	2.1 g
胆固醇	0 mg
维生素 A	0 μgRAE
维生素 C	0 mg
钙	30 mg
钠	3.3 mg

二十六、葡萄干卷

葡萄干卷成品如图 5-2-26 所示。

图 5-2-26 葡萄干卷

（一）原料

中筋面粉 4500 g，酵母 60 g，水 2500 g，葡萄干 500 g。

（二）制作方法

（1）向中筋面粉中加酵母、水，和成面团，揉匀醒发；葡萄干洗净备用。

（2）将面团搓条，下成每个 110 g 的剂子，搓成 40 cm 长的条，撒上葡萄干，横叠六层，用筷子从中间一按成生坯。

（3）把生坯摆入蒸盘内，待生坯醒发至表面光滑、膨松时，放入蒸箱，蒸 15 min 即可。

表 5-2-26 葡萄干卷的营养分析

营养成分	每 100 g 总量中含量
蛋白质	15.4 g
脂肪	2.4 g
糖类	68.1 g
膳食纤维	2.1 g
胆固醇	0 mg
维生素 A	0 μgRAE
维生素 C	0 mg
钙	30 mg
钠	3.3 mg

（三）营养分析

每 100 g 葡萄干卷含热量 1490 kJ，营养分析如表 5-2-26 所示。

二十七、凤尾卷

凤尾卷成品如图 5-2-27 所示。

图 5-2-27 凤尾卷

（一）原料

中筋面粉 5000 g，酵母 60 g，水 2500 g。

（二）制作方法

（1）向中筋面粉中加酵母、水，和成面团，揉匀醒发备用。

（2）将面团搓条，下成每个 110 g 的剂子，擀成 40 cm 长的条，折叠六次，用筷子按住中间，先将一端向前一推捏紧，再做另一端，呈凤尾形即成生坯。

（3）把生坯摆入蒸盘内，待生坯醒发至表面光滑、膨松时，放入蒸箱，蒸 15 min 即可。

（三）营养分析

每 100 g 凤尾卷含热量 1490 kJ，营养分析如表 5-2-27 所示。

表 5-2-27 凤尾卷的营养分析

营养成分	每 100 g 总量中含量
蛋白质	15.4 g
脂肪	2.4 g
糖类	68.1 g
膳食纤维	2.1 g
胆固醇	0 mg
维生素 A	0 μgRAE
维生素 C	0 mg
钙	30 mg
钠	3.3 mg

二十八、牛蹄卷

牛蹄卷成品如图 5-2-28 所示。

图 5-2-28 牛蹄卷

（一）原料

中筋面粉 5000 g，酵母 60 g，水 2500 g。

（二）制作方法

（1）向中筋面粉中加酵母、水，和成面团，揉匀醒发备用。

（2）将面团搓条，下成每个 110 g 的剂子，擀成 40 cm 长的条，叠成四折，先用筷子顺压一下，将两头合拢，再用筷子挑起中间，扭转半圈成生坯。

（3）把生坯摆入蒸盘内，待生坯醒发至表面光滑、膨松时，放入蒸箱，蒸 15 min 即可。

（三）营养分析

每 100 g 牛蹄卷含热量 1490 kJ，营养分析如表 5-2-28 所示。

表 5-2-28 牛蹄卷的营养分析

营养成分	每 100 g 总量中含量
蛋白质	15.4 g
脂肪	2.4 g
糖类	68.1 g
膳食纤维	2.1 g
胆固醇	0 mg
维生素 A	0 µgRAE
维生素 C	0 mg
钙	30 mg
钠	3.3 mg

二十九、猪蹄卷

猪蹄卷成品如图 5-2-29 所示。

图 5-2-29 猪蹄卷

（一）原料

中筋面粉 5000 g，酵母 60 g，食用油 150 g，食盐 30 g，水 2500 g。

（二）制作方法

（1）向中筋面粉中加酵母、水，和成面团，揉匀醒发备用。

（2）将面团搓条，下成每个 110 g 的剂子，擀成圆形后刷上油，撒上食盐，对折成四层扇形，在小角处用刀切开，刀口长为 3.3 cm，随即把两边向下翻，稍捏，再用刀在切口上端横压一下，即成生坯。

（3）把生坯摆入蒸盘内，待生坯醒发至表面光滑、膨松时，放入蒸箱，蒸 15 min 即可。

（三）营养分析

每 100 g 猪蹄卷含热量 1490 kJ，营养分析如表 5-2-29 所示。

表 5-2-29 猪蹄卷的营养分析

营养成分	每 100 g 总量中含量
蛋白质	15.4 g
脂肪	2.4 g
糖类	68.1 g
膳食纤维	2.1 g
胆固醇	0 mg
维生素 A	0 µgRAE
维生素 C	0 mg
钙	30 mg
钠	3.3 mg

三十、带子卷

带子卷成品如图 5-2-30 所示。

图 5-2-30 带子卷

（一）原料

中筋面粉 5000 g，酵母 60 g，水 2500 g。

（二）制作方法

（1）向中筋面粉中加酵母、水，和成面团，揉匀醒发备用。

（2）将面团搓条，下成每个 110 g 的剂子，搓成 30 cm 长的条，按扁叠成四折，留出 6 cm 长的一段，并从中间摞在叠好四折的条上，用筷子横压一道，用两手向中间一聚，即成生坯。

（3）把生坯摆入蒸盘内，待生坯醒发至表面光滑、膨松时，放入蒸箱，蒸 15 min 即可。

（三）营养分析

每 100 g 带子卷含热量 1490 kJ，营养分析如表 5-2-30 所示。

表 5-2-30 带子卷的营养分析

营养成分	每 100 g 总量中含量
蛋白质	15.4 g
脂肪	2.4 g
糖类	68.1 g
膳食纤维	2.1 g
胆固醇	0 mg
维生素 A	0 μgRAE
维生素 C	0 mg
钙	30 mg
钠	3.3 mg

三十一、荷包卷

荷包卷成品如图 5-2-31 所示。

图 5-2-31 荷包卷

（一）原料

中筋面粉 5000 g，酵母 60 g，水 2500 g。

（二）制作方法

（1）向中筋面粉中加酵母、水，和成面团，揉匀醒发备用。

（2）将面团搓条，下成每个 110 g 的剂子，搓成 30 cm 长的条，按扁后折过来做成"S"形，再用筷子夹成一头大一头小，即成生坯。

（3）把生坯摆入蒸盘内，待生坯醒发至表面光滑、膨松时，放入蒸箱，蒸 15 min 即可。

（三）营养分析

每 100 g 荷包卷含热量 1490 kJ，营养分析如表 5-2-31 所示。

表 5-2-31 荷包卷的营养分析

营养成分	每 100 g 总量中含量
蛋白质	15.4 g
脂肪	2.4 g
糖类	68.1 g
膳食纤维	2.1 g
胆固醇	0 mg
维生素 A	0 μgRAE
维生素 C	0 mg
钙	30 mg
钠	3.3 mg

三十二、石榴卷

石榴卷成品如图 5-2-32 所示。

图 5-2-32 石榴卷

（一）原料

中筋面粉 5000 g，酵母 60 g，水 2500 g，大枣若干。

（二）制作方法

（1）向中筋面粉中加酵母、水，和成面团，揉匀醒发备用。

（2）将面团搓条，下成每个 110 g 的剂子，搓成 35 cm 长的条，左右各向相反方向卷，卷到大小一样为止，放入大枣。卷好后，用筷子夹起（要夹成一边大一边小），然后用刀在大的那边切一刀，即成生坯。

（3）把生坯摆入蒸盘内，待生坯醒发至表面光滑、膨松时，放入蒸箱，蒸 15 min 即可。

（三）营养分析

每 100 g 石榴卷含热量 1490 kJ，营养分析如表 5-2-32 所示。

表 5-2-32 石榴卷的营养分析

营养成分	每 100 g 总量中含量
蛋白质	15.4 g
脂肪	2.4 g
糖类	68.1 g
膳食纤维	2.1 g
胆固醇	0 mg
维生素 A	0 μgRAE
维生素 C	0 mg
钙	30 mg
钠	3.3 mg

三十三、元宝卷

元宝卷成品如图 5-2-33 所示。

图 5-2-33 元宝卷

（一）原料

中筋面粉 5000 g，酵母 60 g，水 2500 g。

（二）制作方法

（1）向中筋面粉中加酵母、水，和成面团，揉匀醒发备用。

（2）将面团搓条，下成每个 110 g 的剂子，擀成 10 cm 的长条饼，从中间切开，从两头向中间卷起，用筷子向中间斜压两边，即成生坯。

（3）把生坯摆入蒸盘内，待生坯醒发至表面光滑、膨松时，放入蒸箱，蒸 15 min 即可。

（三）营养分析

每 100 g 元宝卷含热量 1490 kJ，营养分析如表 5-2-33 所示。

表 5-2-33 元宝卷的营养分析

营养成分	每 100 g 总量中含量
蛋白质	15.4 g
脂肪	2.4 g
糖类	68.1 g
膳食纤维	2.1 g
胆固醇	0 mg
维生素 A	0 μgRAE
维生素 C	0 mg
钙	30 mg
钠	3.3 mg

三十四、桃形卷

桃形卷成品如图 5-2-34 所示。

图 5-2-34 桃形卷

（一）原料

中筋面粉 5000 g，酵母 60 g，水 2500 g。

（二）制作方法

（1）向中筋面粉中加酵母、水，和成面团，揉匀醒发备用。

（2）将面团搓条，下成每个 110 g 的剂子，擀成边缘薄中间厚的圆饼，打上十字花刀，切下四边成方形，用筷子对角夹起成双桃形生坯，切下的四边做桃叶。

（3）把生坯摆入蒸盘内，待生坯醒发至表面光滑、膨松时，放入蒸箱，蒸 15 min 即可。

（三）营养分析

每 100 g 桃形卷含热量 1490 kJ，营养分析如表 5-2-34 所示。

表 5-2-34 桃形卷的营养分析

营养成分	每 100 g 总量中含量
蛋白质	15.4 g
脂肪	2.4 g
糖类	68.1 g
膳食纤维	2.1 g
胆固醇	0 mg
维生素 A	0 μgRAE
维生素 C	0 mg
钙	30 mg
钠	3.3 mg

三十五、玫瑰卷

玫瑰卷成品如图 5-2-35 所示。

图 5-2-35 玫瑰卷

（一）原料

中筋面粉 5000 g，酵母 60 g，水 2500 g。

（二）制作方法

（1）向中筋面粉中加酵母、水，和成面团，揉匀醒发备用。

（2）将面团搓条，下成每个 40 g 的剂子，擀成圆片，叠压 6 片，用筷子从中间压一道，反卷后从中间切开，分成两个生坯。

（3）把生坯摆入蒸盘内，待生坯醒发至表面光滑、膨松时，放入蒸箱，蒸 15 min 即可。

（三）营养分析

每 100 g 玫瑰卷含热量 1490 kJ，营养分析如表 5-2-35 所示。

表 5-2-35 玫瑰卷的营养分析

营养成分	每 100 g 总量中含量
蛋白质	15.4 g
脂肪	2.4 g
糖类	68.1 g
膳食纤维	2.1 g
胆固醇	0 mg
维生素 A	0 μgRAE
维生素 C	0 mg
钙	30 mg
钠	3.3 mg

三十六、荷叶卷

荷叶卷成品如图 5-2-36 所示。

图 5-2-36 荷叶卷

（一）原料

中筋面粉 5000 g，酵母 60 g，水 2500 g，食用油 150 g。

（二）制作方法

（1）向中筋面粉中加酵母、水，和成面团，揉匀醒发备用。

（2）将面团搓条，下成每个 110 g 的剂子，按成中间厚周边薄的圆形皮，一半刷上油，对折成半圆形，用刀背沿半圆按上均匀的花纹成荷叶卷生坯。

（3）把生坯摆入蒸盘内，待生坯醒发至表面光滑、膨松时，放入蒸箱，蒸 15 min 即可。

（三）营养分析

每 100 g 荷叶卷含热量 1490 kJ，营养分析如表 5-2-36 所示。

表 5-2-36 荷叶卷的营养分析

营养成分	每100 g 总量中含量
蛋白质	15.4 g
脂肪	2.4 g
糖类	68.1 g
膳食纤维	2.1 g
胆固醇	0 mg
维生素 A	0 µgRAE
维生素 C	0 mg
钙	30 mg
钠	3.3 mg

三十七、家常饼

家常饼成品如图 5-2-37 所示。

图 5-2-37 家常饼

（一）原料

面粉 5000 g，食用油 380 g，食盐 50 g，热水 1250 g，冷水 1500 g，花生油 1000 g。

（二）制作方法

（1）将 2500 g 面粉用热水烫成烫面，剩余面粉用 1250 g 冷水调成冷水面团。把两块面团对在一起，将食盐加水溶化后，加入面团中揣，反复揣至筋力大时，静置 30 min 备用。

（2）将面团搓条，下成每个 110 g 的剂子，擀成皮，上面刷油，从两段对卷起来，捏住两头，抻成长条，再从两端向中间盘成两个圆饼形，然后将两个圆饼摞起来，再擀成圆饼生坯。

（3）电饼铛内淋入少许油，放入生坯，220 ℃烙至两面金黄色即可。

（三）营养分析

每 100 g 家常饼含热量 1984 kJ，营养分析如表 5-2-37 所示。

表 5-2-37 家常饼的营养分析

营养成分	每 100 g 总量中含量
蛋白质	12.2 g
脂肪	23.4 g
糖类	53.8 g
膳食纤维	1.6 g
胆固醇	0 mg
维生素 A	0 µgRAE
维生素 C	0 mg
钙	27 mg
钠	308.7 mg

三十八、萝卜丝酥饼

萝卜丝酥饼成品如图 5-2-38 所示。

图 5-2-38 萝卜丝酥饼

（一）原料

面粉 5000 g，食用油 1750 g，萝卜 4000 g，净板油 1500 g，火腿 800 g，葱 100 g，食盐 50 g，糖 50 g，鸡精 20 g，胡椒粉 10 g，花生油 150 g，芝麻 100 g，水 1500 g。

（二）制作方法

（1）向 2000 g 面粉中加入 1000 g 食用油，搓擦成干油酥面团；向 3000 g 面粉中加入 600 g 食用油、1500 g 温水，和成水油酥面团，醒透揉匀备用。

（2）用大包酥的方法，包好收口，擀成 5 mm 厚的长方形，叠三层，再擀成 5 mm 厚的长方形卷起，下成每个 30 g 的剂子，擀成圆皮备用。

（3）将白萝卜洗净切成细丝，加食盐腌制 1 h 后挤干水分；将净板油去皮膜，切成黄豆大小的丁；火腿切小丁备用。

（4）将挤干的萝卜丝加入火腿丁、净板油丁、食用油、葱末、糖、鸡精、胡椒粉调制成馅。

（5）取一圆皮，包入 30 g 馅心，收口涂上蛋液，沾上芝麻，按成圆饼，即成生坯。

（6）将生坯摆入烤盘，放入烤箱，180 ℃烤 10 min 至金黄色即可。

（三）营养分析

每 100 g 萝卜丝酥饼含热量 1552 kJ，营养分析如表 5-2-38 所示。

表 5-2-38 萝卜丝酥饼的营养分析

营养成分	每 100 g 总量中含量
蛋白质	7.1 g
脂肪	25.1 g
糖类	29.3 g
膳食纤维	1.3 g
胆固醇	27 mg
维生素 A	16 μgRAE
维生素 C	2.11 mg
钙	30 mg
钠	196.1 mg

三十九、紫薯饼

紫薯饼成品如图 5-2-39 所示。

图 5-2-39 紫薯饼

（一）原料

紫薯 5000 g，面粉 600 g，酵母 60 g，食盐 30 g，番茄酱 500 g，芝麻若干。

（二）制作方法

（1）将紫薯洗净、蒸熟、剥皮，捣成泥，晾凉备用。

（2）将紫薯泥、面粉、酵母、食盐和成面团，搓成长条，下成每个 50 g 的剂子，手压制成圆饼，粘上芝麻，即成生坯备用。

（3）将生坯放入倒入油的电饼铛中，200 ℃煎至两面金黄色，在成品表面挤上适量番茄酱即可。

（三）营养分析

每 100 g 紫薯饼含热量 389 kJ，营养分析如表 5-2-39 所示。

表 5-2-39 紫薯饼的营养分析

营养成分	每 100 g 总量中含量
蛋白质	2.3 g
脂肪	0.4 g
糖类	20.1 g
膳食纤维	1.6 g
胆固醇	0 mg
维生素 A	55 μgRAE
维生素 C	3.5 mg
钙	19 mg
钠	272.7 mg

四十、油酥烧饼

油酥烧饼成品如图 5-2-40 所示。

图 5-2-40 油酥烧饼

（一）原料

面粉 5000 g，食用油 600 g，酵母 60 g，食盐 50 g，水 2250 g。

（二）制作方法

（1）面粉中加酵母、水，和成面团，揉匀醒发备用。

（2）锅内加食用油，烧至七成热时加入面粉，炒至金黄色盛出备用。

（3）将面团放在刷油的案板上，擀成 2 mm 厚的长方形，抹油酥，叠三层再擀开，从一头卷起，下成每个 110 g 的剂子，擀成圆饼，上面刷食用油，摆入烤盘备用。

（4）把烤盘放入烤箱，280 ℃烤 10 min 至金黄色即可。

（三）营养分析

每 100 g 油酥烧饼含热量 1729 kJ，营养分析如表 5-2-40 所示。

表 5-2-40 油酥烧饼的营养分析

营养成分	每 100 g 总量中含量
蛋白质	13.6 g
脂肪	13 g
糖类	60.4 g
膳食纤维	1.8 g
胆固醇	0 mg
维生素 A	0 μgRAE
维生素 C	0 mg
钙	27 mg
钠	174.1 mg

四十一、玉米酥饼

玉米酥饼成品如图 5-2-41 所示。

图 5-2-41 玉米酥饼

（一）原料

面粉 4000 g，水 1300 g，酵母 95 g，玉米面 2000 g，食用油 2000 g，糖 1000 g。

（二）制作方法

（1）面粉中加酵母、水，和成面团，揉匀醒发备用。

（2）锅内加食用油，烧至六成热时加入玉米面，炒至金黄色成玉米酥油，盛出备用。

（3）将面团放在刷油的案板上，擀成厚 2 mm 的长方形，抹玉米油酥，撒上糖，叠三层再擀开，从一头卷起，下成每个 110 g 的剂子，擀成圆饼，刷上食用油备用。

（4）把圆饼摆入烤盘，放入烤箱，280 ℃烤 10 min 至金黄色即可。

（三）营养分析

每 100 g 玉米酥饼含热量 2005 kJ，营养分析如表 5-2-41 所示。

表 5-2-41 玉米酥饼的营养分析

营养成分	每 100 g 总量中含量
蛋白质	8.8 g
脂肪	23.4 g
糖类	58.2 g
膳食纤维	2.2 g
胆固醇	0 mg
维生素 A	1 μgRAE
维生素 C	0 mg
钙	19 mg
钠	4.2 mg

四十二、油酥大饼

油酥大饼成品如图 5-2-42 所示。

图 5-2-42 油酥大饼

（一）原料

面粉 5000 g，食用油 1000 g，芝麻酱 500 g，椒盐 50 g，芝麻 300 g。

（二）制作方法

（1）向 4000 g 面粉中加水，和成面团，揉匀醒发；1000 g 面粉加 500 g 油和成油酥面团。

（2）将面团擀成长方形，抹上油酥，撒上椒盐卷起，下成每个 110 g 的剂子，粘上芝麻，擀成饼坯备用。

（3）将饼坯放入撒油的电饼铛内，220 ℃烙至两面呈金黄色即成。

（三）营养分析

每 100 g 油酥大饼含热量 1632 kJ，营养分析如表 5-2-42 所示。

表 5-2-42 油酥大饼的营养分析

营养成分	每 100 g 总量中含量
蛋白质	11.7 g
脂肪	15.6 g
糖类	50.6 g
膳食纤维	1.9 g
胆固醇	0 mg
维生素 A	1 μgRAE
维生素 C	0.39 mg
钙	46 mg
钠	262 mg

四十三、葱油黄桥烧饼

葱油黄桥烧饼成品如图 5-2-43 所示。

图 5-2-43 葱油黄桥烧饼

（一）原料

面粉 5000 g，酵母 60 g，食用油 1000 g，开水 1200 g，水 500 g，猪板油 2500 g，葱末 750 g，食盐 50 g，味精 20 g，蛋液 200 g，白芝麻 400 g。

（二）制作方法

（1）将 3500 g 面粉放入盆内，用 1200 g 开水烫面，再加入酵母、500 g 冷水，和成面团；向剩余面粉中加入食用油，和成油酥面团备用。

（2）猪板油洗净切成丁，加食盐、味精、葱末调拌均匀备用。

（3）将面团擀成皮，抹上油酥卷起，搓条，下成每个 30 g 的剂子，擀成皮，包入 20 g 馅心，收口擀成圆饼，刷上蛋液，沾上白芝麻成生坯。

（4）将生坯摆入烤盘，放入烤箱，280 ℃烤 10 min 至金黄色即成。

（三）营养分析

每 100 g 葱油黄桥烧饼含热量 2131 kJ，营养分析如表 5-2-43 所示。

表 5-2-43 葱油黄桥烧饼的营养分析

营养成分	每 100 g 总量中含量
蛋白质	9 g
脂肪	35.5 g
糖类	38.5 g
膳食纤维	1.6 g
胆固醇	43 mg
维生素 A	28 μgRAE
维生素 C	0.23 mg
钙	46 mg
钠	248.2 mg

四十四、手抓饼

手抓饼成品如图 5-2-44 所示。

图 5-2-44 手抓饼

（一）原料

面粉 5000 g，葱花 1200 g，水 2500 g，五香面 50 g，食盐 50 g，食用油 1500 g。

（二）制作方法

（1）向 1000 g 面粉中加入食用油和成油酥面团，其余的面粉加水和成冷水面团，揉匀醒发备用。

（2）将醒发好的冷水面团搓条，下成每个 1000 g 的剂子并擀成长片状，抹上油酥，撒上葱花、花椒盐卷起，再擀成圆饼生坯备用。

（3）将生坯放入刷油的电饼铛内，240 ℃烙至两面金黄色，打散即可。

（三）营养分析

每 100 g 手抓饼含热量 1808 kJ，营养分析如表 5-2-44 所示。

表 5-2-44 手抓饼的营养分析

营养成分	每 100 g 总量中含量
蛋白质	10.8 g
脂肪	22 g
糖类	47.5 g
膳食纤维	1.7 g
胆固醇	0 mg
维生素 A	1 µgRAE
维生素 C	0.32 mg
钙	29 mg
钠	377.6 mg

四十五、芝麻糖饼

芝麻糖饼成品如图 5-2-45 所示。

图 5-2-45 芝麻糖饼

（一）原料

面粉 5000 g，酵母 60 g，芝麻酱 500 g，白芝麻 50 g，水 2500 g，白糖 650 g，食用油 1000 g。

（二）制作方法

（1）将食用油烧至七成热，倒入 1500 g 面粉中拌匀制成油酥面团；剩余的面粉加酵母、水，和成面团，揉匀醒发备用。

（2）将芝麻酱加白糖和成芝麻糖馅料。

（3）将面团擀薄，包入油酥面团，擀成长方形，从一边卷起搓成长条，下成每个 110 g 的剂子，包入芝麻糖馅料，沾上白芝麻，擀成小长方形的饼胚备用。

（4）将饼胚放入烤箱，280 ℃烤 10 min 至表面呈金黄色即可。

（三）营养分析

每 100 g 芝麻糖饼含热量 1921 kJ，营养分析如表 5-2-45 所示。

表 5-2-45 芝麻糖饼的营养分析

营养成分	每 100 g 总量中含量
蛋白质	12.8 g
脂肪	19.3 g
糖类	58.3 g
膳食纤维	2 g
胆固醇	0 mg
维生素 A	1 μgRAE
维生素 C	0 mg
钙	108 mg
钠	6.4 mg

四十六、油旋

油旋成品如图 5-2-46 所示。

图 5-2-46 油旋

（一）原料

面粉 5000 g，食用油 600 g，猪油 500 g，食盐 50 g，大葱 1000 g，水 2500 g。

（二）制作方法

（1）面粉中加冷水和成面团，揉匀醒发备用。

（2）猪油与剁碎的葱掺在一起，成葱油泥。

（3）将面团搓条，下成每个 50 g 的剂子，擀成长条状，抹食用油，再用手蘸食盐和葱油泥抹在面片上。将面片由左向右折起，再抹上食用油，然后用右手由外向内卷成卷。在卷的同时，左手将面片向后抻长，随抻随卷，把面拉伸到极薄，至卷完为止，擀成圆饼状生坯备用。

（4）将生坯放入电饼铛，200 ℃烙至两面呈金黄色，取出时按成螺旋状即成。

（三）营养分析

每 100 g 油旋含热量 1766 kJ，营养分析如表 5-2-46 所示。

表 5-2-46 油旋的营养分析

营养成分	每 100 g 总量中含量
蛋白质	12 g
脂肪	17.8 g
糖类	53.4 g
膳食纤维	1.7 g
胆固醇	8 mg
维生素 A	7 μgRAE
维生素 C	0.18 mg
钙	29 mg
钠	491.7 mg

四十七、呱嗒

呱嗒成品如图 5-2-47 所示。

图 5-2-47 呱嗒

（一）原料

面粉 5000 g，肉 3000 g，大葱 900 g，姜 300 g，食盐 50 g，花椒面 25 g，猪油 500 g，食用油 500 g，沸水 1200 g，冷水 1200 g。

（二）制作方法

（1）将 2000 g 面粉用沸水和成烫面，2000 g 面粉加冷水和成冷水面团，然后将烫面与冷水面团掺在一起揉匀、醒发；1000 g 面粉用猪油 500 g 和成油酥备用。

（2）将猪肉绞成馅放入盆内，放入大葱、姜、食盐、花椒面，拌匀备用。

（3）把面团搓成长条，下成每个 110 g 的剂子，再搓成长条，擀成长片，抹上油酥和 35 g 肉馅卷起来，压成椭圆形饼坯备用。

（4）电饼铛放油，200 ℃烧至六成热，放入饼坯半煎半炸，至两面呈金黄色即成。

（三）营养分析

每 100 g 呱嗒含热量 1561 kJ，营养分析如表 5-2-47 所示。

表 5-2-47 呱嗒的营养分析

营养成分	每 100 g 总量中含量
蛋白质	8.6 g
脂肪	20.5 g
糖类	38.5 g
膳食纤维	1.7 g
胆固醇	17 mg
维生素 A	15 μgRAE
维生素 C	0.78 mg
钙	35 mg
钠	312.7 mg

四十八、喜饼

喜饼成品如图 5-2-48 所示。

图 5-2-48 喜饼

（一）原料

面粉 5000 g，鸡蛋 600 g，白糖 1000 g，食用油 500 g，酵母 60 g，水 2000 g。

（二）制作方法

（1）将鸡蛋磕入盆内，加入白糖、花生油、鲜酵母搅匀，再加入面粉和成面团，揉匀醒发备用。

（2）将面团用压面机反复压至两面光滑后搓条，下成每个 110 g 的剂子，擀成圆饼，放入模具内压制成型，醒发 30 min 备用。

（3）将醒发好的生坯摆在烤盘内，放入烤箱，180 ℃烤至两面呈金黄色即可。

（三）营养分析

每 100 g 喜饼含热量 1553 kJ，营养分析如表 5-2-48 所示。

表 5-2-48 喜饼的营养分析

营养成分	每 100 g 总量中含量
蛋白质	11 g
脂肪	12.1 g
糖类	54.5 g
膳食纤维	1.1 g
胆固醇	108 mg
维生素 A	43 μgRAE
维生素 C	0 mg
钙	29 mg
钠	26.8 mg

四十九、胡萝卜酥饼

胡萝卜酥饼成品如图5-2-49所示。

图 5-2-49 胡萝卜酥饼

（一）原料

面团 5000 g，胡萝卜 3500 g，鸡蛋 1000 g，水发粉丝 650 g，湿油酥 200 g，食盐 50 g，鸡精 20 g，食用油 250 g，水 2250 g。

（二）制作方法

（1）胡萝卜洗净，用切菜机切碎；鸡蛋炒熟打碎；水发粉丝剁成 1 cm 的段。

（2）将胡萝卜、鸡蛋、粉丝放入盆内，加食盐、鸡精、食用油，调拌均匀成胡萝卜馅备用。

（3）向面粉中加水，和成面团，用压面机反复压至两面光滑，放在撒面粉的面板上擀平，抹上湿油酥，卷起，下成每个 70 g 的剂子，擀成皮，包上 70 g 胡萝卜馅收口，再擀成圆形饼坯备用。

（4）将胡萝卜酥饼生坯放入电饼铛，200 ℃烙至两面金黄色即可。

（三）营养分析

每 100 g 胡萝卜酥饼含热量 1051 kJ，营养分析如表 5-2-49 所示。

表 5-2-49 胡萝卜酥饼的营养分析

营养成分	每 100 g 总量中含量
蛋白质	9.2 g
脂肪	5.4 g
糖类	41.4 g
膳食纤维	1.5 g
胆固醇	55 mg
维生素 A	133 μgRAE
维生素 C	5.3 mg
钙	33 mg
钠	244.6 mg

五十、南瓜饼

南瓜饼成品如图 5-2-50 所示。

图 5-2-50 南瓜饼

（一）原料

面粉 5000 g，南瓜 3500 g，白糖 250 g，鲜酵母 50 g，芝麻若干。

（二）制作方法

（1）南瓜去皮、籽，洗净后上笼蒸熟，放入面盆内，加白糖、鲜酵母，放入面粉和成面团；将面团放置于压面机上，反复压成两面光滑、约 2 cm 厚的面坯。

（2）面坯置面板上，切面、搓条，下成每个 110 g 的剂子，擀成厚薄均匀的圆坯，自圆坯边缘向圆心用刀切开 3~4 cm 的刀痕，均匀切五刀，做成梅花状生坯，撒上芝麻。

（3）把生坯摆入蒸盘内，待生坯醒发至表面光滑、膨松时放入蒸箱，蒸 15 min 即成。

（三）营养分析

每 100 g 南瓜饼含热量 950 kJ，营养分析如表 5-2-50 所示。

表 5-2-50 南瓜饼的营养分析

营养成分	每 100 g 总量中含量
蛋白质	9.2 g
脂肪	1.5 g
糖类	44.2 g
膳食纤维	1.5 g
胆固醇	0 mg
维生素 A	29 μgRAE
维生素 C	3.18 mg
钙	24 mg
钠	2.2 mg
胆固醇	0 mg

五十一、蔬菜饼

蔬菜饼成品如图 5-2-51 所示。

图 5-2-51 蔬菜饼

（一）原料

面粉 5000 g，时令蔬菜 3500 g，泡好的粉条 1000 g，炒熟的鸡蛋 500 g，葱末 200 g，姜末 80 g，酵母 40 g，水 2250 g，食盐 50 g，味精 20 g，食用油 500 g。

（二）制作方法

（1）将蔬菜洗净、切碎，挤出水分，粉条切碎，与鸡蛋拌在一起，加入食用油、食盐、味精拌匀成馅备用。

（2）面粉加酵母、水，和成面团，揉匀醒发备用。

（3）将发酵好的面团搓成长条状，下成每个 70 g 的剂子，包入 70 g 馅心，擀成圆形饼坯。

（4）将饼坯放入电饼铛，200 ℃烙至两面金黄色即可。

（三）营养分析

每 100 g 蔬菜饼含热量 933 kJ，营养分析如表 5-2-51 所示。

表 5-2-51 蔬菜饼的营养分析

营养成分	每 100 g 总量中含量
蛋白质	7.6 g
脂肪	5.5 g
糖类	35.6 g
膳食纤维	1.4 g
胆固醇	24 mg
维生素 A	72 μgRAE
维生素 C	25.9 mg
钙	66 mg
钠	250.4 mg

五十二、鱼香肉丝饼

鱼香肉丝饼成品如图 5-2-52 所示。

（一）原料

面粉 5000 g，猪瘦肉 1000 g，土豆 2500 g，水发木耳 250 g，青红辣椒 250 g，葱 50 g，蒜 50 g，姜 20 g，泡椒 200 g，食盐 40 g，味精 10 g，料酒 50 g，水淀粉 100 g，白糖 50 g，食醋 30 g，酱油 30 g，食用油 2000 g（约耗 500 g），水 2250 g。

图 5-2-52 鱼香肉丝饼

（二）制作方法

（1）将猪肉洗净切成丝；土豆去皮洗净切成丝；青红辣椒去籽、洗净，切成丝；水发木耳切丝；葱姜洗净切丝；泡椒剁成末；大蒜洗净，切成片备用。

（2）将肉丝放入盆内，加食盐、味精、料酒、水淀粉抓匀上浆；土豆丝、木耳丝、青红辣椒丝分别焯水、冲凉；将白糖、食盐、味精、食醋、酱油、水淀粉兑成汁备用。

（3）锅内加入油，烧至五成热时，放入上浆的肉丝，拨散滑透，捞出，沥油备用。

（4）炒锅留底油，烧至五成热时加入葱、姜、蒜、泡椒，煸炒出香味后，加入肉丝、土豆丝、木耳丝、青红辣椒丝和兑好的汁，翻炒均匀出锅即成鱼香肉丝备用。

（5）向面粉中加入水，和成面团，揉匀、搓条，下成每个 80 g 的剂子并擀成圆饼，放入烤箱，烤熟备用。

（6）用刀将烧饼沿一半厚度处片开，加入 80 g 鱼香肉丝即可。

（三）营养分析

每 100 g 鱼香肉丝饼含热量 1067 kJ，营养分析如表 5-2-52 所示。

表 5-2-52 鱼香肉丝饼的营养分析

营养成分	每100 g 总量中含量
蛋白质	11.6 g
脂肪	6.9 g
糖类	36.7 g
膳食纤维	1.5 g
胆固醇	15 mg
维生素 A	11 μgRAE
维生素 C	5.02 mg
钙	19 mg
钠	235.2 mg

五十三、梅干菜扣肉酥饼

梅干菜扣肉酥饼成品如图 5-2-53 所示。

图 5-2-53 梅干菜扣肉酥饼

（一）原料

中筋面粉 2500 g，低筋面粉 2500 g，食用油 1750 g，猪肉 3000 g，水发梅干菜 2000 g，葱末 150 g，姜末 50 g，香油 50 g，白糖 30 g，料酒 20 g，花椒面 10 g，食盐 30 g，芝麻 50 g，鸡蛋液 200 g，水 1250 g。

（二）制作方法

（1）向低筋面粉中加入油（1250 g），和成油酥面团；中筋面粉加入猪油（500 g）及温水（1250 g），和成水油酥面团。用大包酥的方法，下成每个 80 g 的剂子，擀成圆皮备用。

（2）将切成小丁的猪肉和切成末的梅干菜放入盆中，加葱末、姜末、香油、白糖、料酒、花椒面、食盐，调匀备用。

（3）圆皮内包入 80 g 的馅心，按成圆饼，刷鸡蛋液、沾上芝麻成生坯。

（4）将生坯摆入烤盘，放入烤箱，200 ℃烤 10 min 至金黄色即可。

（三）营养分析

每 100 g 梅干菜扣肉酥饼含热量 1679 kJ，营养分析如表 5-2-53 所示。

表 5-2-53 梅干菜扣肉酥饼的营养分析

营养成分	每 100 g 总量中含量
蛋白质	10.3 g
脂肪	29.1 g
糖类	25.4 g
膳食纤维	2 g
胆固醇	42 mg
维生素 A	0.04 μgRAE
维生素 C	0.04 mg
钙	41 mg
钠	351.7 mg

五十四、胡椒饼

胡椒饼成品如图 5-2-54 所示。

图 5-2-54 胡椒饼

（一）原料

面粉 5000 g，精肉馅 2500 g，油酥面 500 g，葱花 1000 g，酵母 60 g，鸡精 20 g，食盐 50 g，老抽 100 g，胡椒粉 75 g，花椒 50 g，五香面 30 g，水 2250 g，白芝麻若干。

（二）制作方法

（1）向面粉中加入酵母、温水，和成面团，揉匀醒发待用。

（2）锅内加水，放入花椒、食盐、鸡精、老抽熬成花椒水，放凉后与精肉馅、葱花、胡椒粉、五香粉搅拌均匀成肉馅备用。

（3）将面团分剂子，擀长方形，抹上一层油酥卷起，再下成每个 80 g 的剂子，擀成皮，包上 60 g 肉馅，收口粘上白芝麻，擀成椭圆饼生坯。

（4）将生坯摆入烤盘，放入烤箱，220 ℃烤 10 min 至金黄色即可。

（三）营养分析

每 100 g 胡椒饼含热量 1151 kJ，营养分析如表 5-2-54 所示。

表 5-2-54 胡椒饼的营养分析

营养成分	每 100 g 总量中含量
蛋白质	14.5 g
脂肪	5.8 g
糖类	41 g
膳食纤维	1.6 g
胆固醇	22 mg
维生素 A	12 μgRAE
维生素 C	0.32 mg
钙	30 mg
钠	549.6 mg

五十五、红薯饼

红薯饼成品如图 5-2-55 所示。

图 5-2-55 红薯饼

（一）原料

红薯 5000 g，糯米粉 2000 g，白糖 500 g，食用油 1000 g，水 2000 g，芝麻若干。

（二）制作方法

（1）红薯去皮切成小方块，加白糖、糯米粉、水，搅拌均匀成红薯面糊。

（2）锅内倒油，待油温升至六成热时，放入 110 g 红薯面糊，炸至两面金黄后沾上芝麻即可。

（三）营养分析

每 100 g 红薯饼含热量 1034 kJ，营养分析如表 5-2-55 所示。

表 5-2-55 红薯饼的营养分析

营养成分	每 100 g 总量中含量
蛋白质	2.1 g
脂肪	12.1 g
糖类	32.5 g
膳食纤维	1.1 g
胆固醇	0 mg
维生素 A	37 μgRAE
维生素 C	2.35 mg
钙	17 mg
钠	43.2 mg

五十六、贝壳包子（肉馅和素馅）

贝壳包子成品如图 5-2-56 所示。

（一）原料

南瓜泥 1000 g，紫薯泥 1000 g，面粉 3000 g，酵母 60 g，水 2250 g，菜肉馅 5000 g。

（二）制作方法

（1）将面粉一分为二，分别加入南瓜泥、紫薯泥、酵母、水，和成面团，揉匀备用。

（2）将面团分别下成每个 30 g 的剂子，双色剂子压扁叠摞擀成面皮，包入 60 g 馅，制成生坯。

图 5-2-56 贝壳包子

（3）把生坯摆在蒸盘内，醒发至表面光滑、膨松，放入蒸箱，蒸 15 min 即可。

（三）营养分析

每 100 g 肉馅贝壳包子含热量 1051 kJ，营养分析如表 5-2-56 所示。

每 100 g 素馅贝壳包子含热量 716 kJ，营养分析如表 5-2-57 所示。

附：菜肉馅的原料及制作方法

（一）原料

猪肉馅 1500 g，水发海菜 1500 g，胡萝卜 2000 g，酱油 30 g，生抽 50 g，香油 50 g，花椒油 100 g，葱 50 g，姜 30 g。

（二）制作方法

（1）向猪肉馅中加入酱油、生抽、姜、香油、葱搅拌均匀，制成肉馅。

（2）将海菜、胡萝卜丝、花椒油、食盐拌匀，制成素馅。

表 5-2-56 肉馅贝壳包子的营养分析

营养成分	每 100 g 总量中含量
蛋白质	12.7 g
脂肪	8.7 g
糖类	31.5 g
膳食纤维	7.2 g
胆固醇	13 mg
维生素 A	77 µgRAE
维生素 C	2.68 mg
钙	207 mg
钠	953.1 mg

表 5-2-57 素馅贝壳包子的营养分析

营养成分	每 100 g 总量中含量
蛋白质	6.2 g
脂肪	2.4 g
糖类	30.9 g
膳食纤维	1.4 g
胆固醇	0 mg
维生素 A	75 µgRAE
维生素 C	11.34 mg
钙	36 mg
钠	107.1 mg

五十七、家乡豆腐包

家乡豆腐包成品如图 5-2-57 所示。

图 5-2-57 家乡豆腐包

（一）原料

面粉 5000 g，酵母 60 g，豆腐 4500 g，香葱 500 g，食盐 50 g，味精 20 g，食用油 150 g，香油 20 g，水 2250 g。

（二）制作方法

（1）将面粉加酵母、水和成酵母面团，揉匀醒发备用。

（2）将豆腐切成小丁，香葱切末备用。

（3）锅中加水烧开，将豆腐丁焯水，捞出冲凉放入盆内，加入食用油、食盐、味精和香葱拌匀成馅备用。

（4）将面团搓成长条，下成每个 70 g 的剂子，擀成圆皮，包入 70 g 豆腐馅，捏成菊花形或柳叶形。

（5）把包成型的包子摆在蒸盘内，醒发至表面光滑、膨松，放入蒸箱，蒸 15 min 即可。

（三）营养分析

每 100 g 家乡豆腐包含热量 900 kJ，营养分析如表 5-2-58 所示。

表 5-2-58 家乡豆腐包的营养分析

营养成分	每 100 g 总量中含量
蛋白质	8.7 g
脂肪	7.5 g
糖类	28 g
膳食纤维	1.2 g
胆固醇	0 mg
维生素 A	13 μgRAE
维生素 C	3.95 mg
钙	55 mg
钠	174.7 mg

五十八、豆沙包

豆沙包成品如图 5-2-58 所示。

图 5-2-58 豆沙包

（一）原料

中筋面粉 5000 g，酵母 60 g，豆沙 3000 g，白糖 1000 g，水 2500 g。

（二）制作方法

（1）将中筋面粉加入酵母、水、白糖，和成面团，揉匀醒发备用。

（2）将面团用压面机压至光滑，搓成长条，下成每个 25 g 的剂子，擀成圆皮，包入 20 g 豆沙馅，两边对折，将收口朝下，即成生坯。

（3）把生坯摆在蒸盘内，醒发至表面光滑、膨松，放入蒸箱，蒸 15 min 即可。

（三）营养分析

每 100 g 豆沙包含热量 1356 kJ，营养分析如表 5-2-59 所示。

表 5-2-59 豆沙包的营养分析

营养成分	每 100 g 总量中含量
蛋白质	10.1 g
脂肪	1.4 g
糖类	67.6 g
膳食纤维	1.7 g
胆固醇	0 mg
维生素 A	0 μgRAE
维生素 C	0 mg
钙	24 mg
钠	10.7 mg

五十九、鲜肉糯米烧卖

鲜肉糯米烧卖成品如图 5-2-59 所示。

图 5-2-59 鲜肉糯米烧卖

（一）原料

面粉 5000 g，糯米 4000 g，夹心肉 1000 g，食盐 50 g，酱油 100 g，南酒 100 g，糖 100 g，鸡精 20 g，葱末 100 g，姜末 60 g，胡椒粉 10 g，植物油 100 g，葱油 100 g，水 2250 g。

（二）制作方法

（1）将面粉一分为二，分别和成热水面团、冷水面团，然后将两块面团揉在一起，揉匀、切面、搓条，下成每个 20 g 的剂子，压扁擀成烧卖皮备用。

（2）将糯米洗净，放入笼内蒸熟，晾凉备用。

（3）将夹心肉切成小丁，炒锅加入油，烧至五成热时，放入肉丁煸炒至肉色发白，放入葱末、姜末炒出香味，然后加入南酒、酱油、食盐、糖和适量的水烧开，加入胡椒粉、味精、蒸熟的糯米翻炒均匀，淋入葱油，制成馅心。

（4）烧麦皮内包入 35 g 馅心，捏成荷花边、葫芦形，即成生坯。

（5）把生坯摆在蒸盘内，放入蒸箱，蒸 15 min 即成。

（三）营养分析

每 100 g 鲜肉糯米烧卖含热量 1595 kJ，营养分析如表 5-2-60 所示。

表 5-2-60 鲜肉糯米烧卖的营养分析

营养成分	每 100 g 总量中含量
蛋白质	9.9 g
脂肪	13.2 g
糖类	55.6 g
膳食纤维	1.1 g
胆固醇	11 mg
维生素 A	3 μgRAE
维生素 C	0.07 mg
钙	24 mg
钠	382.3 mg

六十、大素包

大素包成品如图 5-2-60 所示。

图 5-2-60 大素包

（一）原料

面粉 5000 g，水 2500 g，酵母 60 g，时蔬 3000 g，水发粉条 1000 g，葱花 100 g，姜末 50 g，炒熟的鸡蛋 1000 g，食盐 30 g，鸡精 10 g，葱油 500 g。

（二）制作方法

（1）将时蔬焯水后剁成菜馅，水发粉条切成末；将菜馅、粉条、熟鸡蛋放入盆内，加入姜末、葱油、食盐、鸡精调拌均匀成馅。

（2）面粉加酵母、水，和成面团，揉匀醒发备用。

（3）将面团搓成长条，下成每个 70 g 的剂子，擀皮，包入 70 g 馅心，整齐放入蒸盘，稍醒。

（4）醒发至表面光滑、膨松，放入蒸箱，蒸 30 min 即成。

（三）营养分析

每 100 g 大素包含热量 996 kJ，营养分析如表 5-2-61 所示。

表 5-2-61 大素包的营养分析

营养成分	每 100 g 总量中含量
蛋白质	7.2 g
脂肪	7.4 g
糖类	35.6 g
膳食纤维	1.4 g
胆固醇	34 mg
维生素 A	70 μgRAE
维生素 C	23.56 mg
钙	63 mg
钠	217.3 mg

六十一、糖包

糖包成品如图 5-2-61 所示。

图 5-2-61 糖包

（一）原料

面粉 5000 g，酵母 50 g，水 2250 g，红糖 2000 g。

（二）制作方法

（1）向面粉中加入酵母、水，和成面团，揉匀醒发备用。

（2）将面团搓成长条，下成每个 110 g 的剂子，揉成馒头状，双手拿擀面杖将剂子擀成厚度均匀的面皮，放入红糖 15 g，做成三角形的包子生坯，放入蒸盘，稍醒。

（3）醒发至表面光滑、膨松，放入蒸箱，蒸 30 min 即成。

（三）营养分析

每 100 g 糖包含热量 1515 kJ，营养分析如表 5-2-62 所示。

表 5-2-62 糖包的营养分析

营养成分	每 100 g 总量中含量
蛋白质	12.6 g
脂肪	2 g
糖类	73.5 g
膳食纤维	1.7 g
胆固醇	0 mg
维生素 A	0 µgRAE
维生素 C	0 mg
钙	55 mg
钠	6.2 mg

六十二、蛋黄莲蓉包

蛋黄莲蓉包成品如图 5-2-62 所示。

图 5-2-62 蛋黄莲蓉包

（一）原料

中筋面粉 5000 g，酵母 120 g，白糖 1000 g，水 2500 g，莲蓉 6500 g，蛋黄 400 个。

（二）制作方法

（1）向中筋面粉中加入酵母、水、白糖，和成面团，揉匀醒发备用。

（2）将面团搓成长条，下成每个 20 g 的剂子，擀成圆皮备用。

（3）向 15 g 莲蓉捏成皮，包蛋黄成圆球，备用。

（4）向圆皮内包入蛋黄莲蓉馅，收口朝下，放入蒸盘，制成生坯。

（5）醒发至表面光滑、膨松时，放入蒸箱，蒸 15 min 即成。

（三）营养分析

每 100 g 蛋黄莲蓉包含热量 1386 kJ，营养分析如表 5-2-63 所示。

表 5-2-63 蛋黄莲蓉包的营养分析

营养成分	每 100 g 总量中含量
蛋白质	10.9 g
脂肪	13.8 g
糖类	41 g
膳食纤维	1.1 g
胆固醇	611 mg
维生素 A	768 μgRAE
维生素 C	0 mg
钙	62 mg
钠	20.9 mg

六十三、小黄梨

小黄梨成品如图 5-2-63 所示。

图 5-2-63 小黄梨

（一）原料

中筋面粉 5000 g，酵母 60 g，豆沙馅 3000 g，白糖 1000 g，南瓜泥 2000 g，水 500 g，茶叶梗若干。

（二）制作方法

（1）向中筋面粉中加入酵母、南瓜泥、白糖、水，和成面团，揉匀醒发备用。

（2）将面团搓成长条，下成每个 25 g 的剂子，擀成圆皮备用。

（3）将圆皮包入 15 g 豆沙馅，收口朝下，捏成梨状，顶部插上茶叶梗成生坯。

（4）把生坯摆在蒸盘内，醒发至表面光滑、膨松时，放入蒸箱，蒸 15 min 即成。

注：可以用各种蔬菜制成不同颜色的面团，馅心可以选用枣泥、莲蓉、五仁等，造型可以选择苹果、梅花、刺猬、寿桃等。

（三）营养分析

每 100 g 小黄梨含热量 1046 kJ，营养分析如表 5-2-64 所示。

表 5-2-64 小黄梨的营养分析

营养成分	每 100 g 总量中含量
蛋白质	8 g
脂肪	1.1 g
糖类	51.9 g
膳食纤维	1.5 g
胆固醇	0 mg
维生素 A	19 μgRAE
维生素 C	2.07 mg
钙	22 mg
钠	7.5 mg

六十四、莲蓉刺猬包

莲蓉刺猬包成品如图 5-2-64 所示。

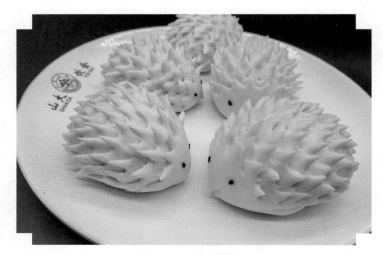

图 5-2-64 莲蓉刺猬包

（一）原料

中筋面粉 5000 g，酵母 60 g，莲蓉馅 3000 g，白糖 1000 g，水 2250 g，黑芝麻 200 g，鸡蛋液 300 g。

（二）制作方法

（1）向中筋面粉中加入酵母、水、白糖，和成面团，揉匀醒发备用。

（2）将面团搓成长条，下成每个 20 g 的剂子，擀成圆皮备用。

（3）向圆皮内包入 20 g 莲蓉馅，收口朝下，捏成一头尖、一头圆的形状。头部处用小剪刀横剪一下成"嘴巴"，"嘴巴"上方自后向前剪出两只"耳朵"，"耳朵"略捏扁竖起，两耳前涂蛋液，放两粒黑芝麻成"眼睛"，然后自头部至尾部依次剪出有立体感的长刺，剪至尾部再从上向下剪出"尾巴"成生坯。

（4）把生坯摆在蒸盘内，醒发至表面光滑、膨松，放入蒸箱，蒸 15 min 即成。

（三）营养分析

每 100 g 莲蓉刺猬包含热量 1352 kJ，营养分析如表 5-2-65 所示。

表 5-2-65 莲蓉刺猬包的营养分析

营养成分	每 100 g 总量中含量
蛋白质	10.3 g
脂肪	2 g
糖类	65.8 g
膳食纤维	1.8 g
胆固醇	12 mg
维生素 A	5 μgRAE
维生素 C	0 mg
钙	33 mg
钠	13.3 mg

六十五、锅贴

锅贴成品如图 5-2-65 所示。

图 5-2-65 锅贴

（一）原料

面粉 5000 g，五花肉馅 1500 g，水发木耳 500 g，水发海米 200 g，骨头汤 1000 g，时蔬菜馅 2500 g，姜末 100 g，葱末 200 g，食盐 50 g，酱油 80 g，味精 20 g，食用油 200 g，湿淀粉适量。

（二）制作方法

（1）向五花肉馅中加入食盐、酱油、味精、葱姜末、骨头汤调匀，再加入剁碎的木耳、时蔬菜馅、海米拌匀成馅。

（2）将 2000 g 面粉和成开水面团，将 3000 g 面粉和成冷水面团，然后将其揉和在一起，醒发备用。

（3）面团搓成长条，下成每个 25 g 的剂子，擀皮，包上 25 g 馅心，捏成中间紧合、两头见馅的长条形生坯。

（4）电饼铛淋入油，放入锅贴生坯，倒入淀粉水，盖上盖，220 ℃ 煎 10 min 呈金黄色即可。

（三）营养分析

每 100 g 锅贴含热量 1197 kJ，营养分析如表5-2-66 所示。

表 5-2-66 锅贴的营养分析

营养成分	每 100 g 总量中含量
蛋白质	11.6 g
脂肪	11.7 g
糖类	33.6 g
膳食纤维	1.2 g
胆固醇	28 mg
维生素 A	6 μgRAE
维生素 C	8.75 mg
钙	41 mg
钠	455.7 mg

六十六、生煎馒头

生煎馒头成品如图 5-2-66 所示。

图 5-2-66 生煎馒头

（一）原料

中筋面粉 5000 g，酵母 60 g，水 2250 g，猪肉 3500 g，酱油 100 g，花椒水 1000 g，大葱末 500 g，姜末 250 g，芝麻 250 g，食用油 300 g，食盐 50 g，白糖 500 g，皮冻 1750 g，湿淀粉适量。

（二）制作方法

（1）中筋面粉用 80 ℃的水拌成雪花状面片，凉透，加入温水酵母，和成面团，揉匀醒发后搓条，下成每个 25 g 的剂子，擀成圆皮备用。

（2）猪肉剁成泥，加酱油、花椒水顺时针方向搅拌，边加边搅拌，再加入白糖、食盐、葱姜末、皮冻搅拌均匀成肉馅；芝麻炒至金黄色，碾压成蓉备用。

（3）用圆皮包入 25 g 馅心，捏成馒头形状的生坯备用。

（4）电饼铛内淋上油，将沾上葱末、芝麻蓉的生坯收口朝下摆入，倒入淀粉水，盖上盖，220 ℃煎 10 min 呈金黄色即可。

（三）营养分析

每 100 g 生煎馒头含热量 1578 kJ，营养分析如表 5-2-67 所示。

表 5-2-67 生煎馒头的营养分析

营养成分	每 100 g 总量中含量
蛋白质	12.9 g
脂肪	24.1 g
糖类	27.2 g
膳食纤维	1 g
胆固醇	41 mg
维生素 A	8 μgRAE
维生素 C	0.24 mg
钙	30 mg
钠	506.5 mg

六十七、猪肉煎包

猪肉煎包成品如图 5-2-67 所示。

图 5-2-67 猪肉煎包

（一）原料

面粉 5000 g，五花肉馅 3500 g，姜末 100 g，葱末 1500 g，食盐 50 g，酱油 80 g，鸡精 20 g，食用油 200 g，水 2500 g。

（二）制作方法

（1）五花肉馅加入食盐、酱油、鸡精、葱末、姜末、油，调拌均匀成馅，备用。

（2）向面粉中加入水，和成面团，揉匀醒发备用。

（3）面团搓成长条，下成每个 25 g 的剂子，擀皮，包上 25 g 馅心，制成煎包生坯。

（4）电饼铛升温，淋入油，放入生坯，倒入面粉水，盖上盖，220 ℃煎 10 min 呈金黄色即可。

（三）营养分析

每 100 g 猪肉煎包含热量 1390 kJ，营养分析如表 5-2-68 所示。

表 5-2-68 猪肉煎包的营养分析

营养成分	每 100 g 总量中含量
蛋白质	10.8 g
脂肪	16.1 g
糖类	35.9 g
膳食纤维	0.43 g
胆固醇	29 mg
维生素 A	7 μgRAE
维生素 C	8.71 mg
钙	24 mg
钠	353.2 mg

六十八、桂花油炸糕

桂花油炸糕成品如图 5-2-68 所示。

图 5-2-68 桂花油炸糕

（一）原料

面粉 5000 g，水 2500 g，白糖 1500 g，食用油 2000 g（约耗 200 g），熟面粉 300 g，桂花酱 100 g。

（二）制作方法

（1）向 4500 g 面粉内倒入开水，用木棍拌匀凉透后，揉入剩余 500 g 面粉和成面团，蘸食用油揉匀醒发备用。

（2）将白糖与熟面粉、桂花酱拌匀成馅备用。

（3）将面团搓成长条，分摘成每个 25 g 的剂子，用双手捏成"凹"字形圆皮，包上 10 g 糖馅捏紧收口，拍成边缘薄中间厚的圆饼备用。

（4）锅内加油，烧至六成热时放入圆饼，等圆饼浮起后翻动，炸至呈金黄色即成。

（三）营养分析

每 100 g 桂花油炸糕含热量 1930 kJ，营养分析如表 5-2-69 所示。

表 5-2-69 桂花油炸糕的营养分析

营养成分	每 100 g 总量中含量
蛋白质	9.9 g
脂肪	19.4 g
糖类	61.6 g
膳食纤维	1.4 g
胆固醇	0 mg
维生素 A	0 μgRAE
维生素 C	0 mg
钙	23 mg
钠	2.9 mg

六十九、炸麻团

炸麻团成品如图5-2-69所示。

图 5-2-69 炸麻团

（一）原料

糯米粉3500 g，面粉1500 g，豆沙3750 g，白芝麻500 g（约用250 g），小苏打15 g，水2250 g，白糖750 g，食用油2500 g（约耗250 g）。

（二）制作方法

（1）将糯米粉、面粉、白糖、小苏打拌匀，加水和成面团，揉匀醒发备用。

（2）将面团搓成长条，下成每个60 g的剂子，包入30 g豆沙馅，收好口，放入白芝麻内滚沾均匀，制成生坯。

（3）锅内加油，待油温升至五成热时，放入麻团生坯，不停搅动，以防粘连，炸至金黄色即成。

（三）营养分析

每100 g炸麻团含热量1381 kJ，营养分析如表5-2-70所示。

表 5-2-70 炸麻团的营养分析

营养成分	每100 g总量中含量
蛋白质	6.4 g
脂肪	4.8 g
糖类	65.4 g
膳食纤维	1.6 g
胆固醇	0 mg
维生素A	0 μgRAE
维生素C	0 mg
钙	39 mg
钠	13.9 mg

七十、大麻花

大麻花成品如图 5-2-70 所示。

图 5-2-70 大麻花

（一）原料

面包粉 5000 g，酵母 60 g，白糖 400 g，食盐 10 g，面包改良剂 20 g，鸡蛋 500 g，水 2500 g，食用油 3000 g。

（二）制作方法

（1）将面粉、糖、食盐、面包改良剂加水放入搅面机中，慢速搅拌，边搅拌边倒入鸡蛋液和成面团，揉匀醒发备用。

（2）将面团搓条，下成每个 110 g 的剂子，然后搓成麻花状，制成生坯醒发备用。

（3）将醒发好的生坯放入五成热的油锅中，炸至金黄后捞出沥油即可。

（三）营养分析

每 100 g 大麻花含热量 1720 kJ，营养分析如表 5-2-71 所示。

表 5-2-71 大麻花的营养分析

营养成分	每 100 g 总量中含量
蛋白质	10.7 g
脂肪	13.5 g
糖类	61.6 g
膳食纤维	0.6 g
胆固醇	43 mg
维生素 A	17 μgRAE
维生素 C	0 mg
钙	26 mg
钠	70.5 mg

七十一、黑米面发糕

黑米面发糕成品如图 5-2-71 所示。

图 5-2-71 黑米面发糕

（一）原料

黑米面 3000 g, 面粉 2000 g, 酵母 60 g, 水 3000 g, 白糖 300 g, 泡打粉 10 g, 小苏打 5 g。

（二）制作方法

（1）将黑米面、面粉、白糖、泡打粉拌匀, 加入酵母、水搅拌均匀成面糊状, 醒发备用。

（2）待表面有气泡且有原来的两倍大时, 倒入适量的小苏打水搅拌均匀, 倒入蒸盘进行二次醒发。

（3）待二次醒发好后, 放入蒸箱蒸约 30 min, 取出晾凉, 改刀切成块即可。

（三）营养分析

每 100 g 黑米面发糕含热量 1482 kJ, 营养分析如表 5-2-72 所示。

表 5-2-72 黑米面发糕的营养分析

营养成分	每 100 g 总量中含量
蛋白质	13.7 g
脂肪	2.5 g
糖类	69.1 g
膳食纤维	2.6 g
胆固醇	0 mg
维生素 A	0 μgRAE
维生素 C	0 mg
钙	25 mg
钠	4.4 mg

七十二、玉米面发糕

玉米面发糕成品如图 5-2-72 所示。

图 5-2-72 玉米面发糕

（一）原料

玉米面 3000 g，面粉 2000 g，酵母 60 g，水 3000 g，白糖 300 g，红枣 500 g。

（二）制作方法

（1）将玉米面、面粉、白糖、红枣拌匀，加入酵母、水，和成面团，揉匀备用。

（2）将揉好的面团擀成 5 cm 厚的面饼，放在蒸盘内醒发备用。

（3）待面饼醒发至两倍大时，放入蒸箱蒸约 15 min，取出晾凉，改刀切成块即可。

（三）营养分析

每 100 g 玉米面发糕含热量 1482 kJ，营养分析如表 5-2-73 所示。

表 5-2-73 玉米面发糕的营养分析

营养成分	每 100 g 总量中含量
蛋白质	12 g
脂肪	2 g
糖类	72.1 g
膳食纤维	3.8 g
胆固醇	0 mg
维生素 A	1 µgRAE
维生素 C	0 mg
钙	26 mg
钠	2.8 mg

七十三、南瓜发糕

南瓜发糕成品如图 5-2-73 所示。

图 5-2-73 南瓜发糕

（一）原料

面粉 2000 g，南瓜 4000 g，酵母 60 g，白糖 300 g。

（二）制作方法

（1）南瓜去皮、去瓤，蒸熟，捣成泥备用。

（2）将南瓜泥、面粉、白糖、酵母拌匀和成面团，揉匀备用。

（3）将揉好的面团擀成 5 cm 厚的面饼，放在蒸盘内醒发备用。

（4）待面饼醒发至两倍大时放入蒸箱，蒸约
15 min，取出晾凉，改刀切成块即可。

（三）营养分析

每 100 g 南瓜发糕含热量 804 kJ，营养分析如
表 5-2-74 所示。

表 5-2-74 南瓜发糕的营养分析

营养成分	每 100 g 总量中含量
蛋白质	8.2 g
脂肪	1.3 g
糖类	36.9 g
膳食纤维	1.4 g
胆固醇	0 mg
维生素 A	37 µgRAE
维生素 C	3.98 mg
钙	23 mg
钠	2 mg

七十四、小窝头

小窝头成品如图 5-2-74 所示。

图 5-2-74 小窝头

（一）原料

玉米面 3500 g，黄豆粉 1500 g，白糖 1000 g，小苏打 6 g，桂花酱 60 g，温水 2500 g。

（二）制作方法

（1）向玉米面、黄豆粉中加入白糖、小苏打、温水，和成面团，揉匀醒发备用。

（2）将醒好的面团搓成长条，下成每个 50 g 的剂子，再蘸着桂花水捏成宝塔状小窝头生坯。

（3）把生坯摆在蒸盘内，醒发至表面光滑，放入蒸箱，蒸 15 min 即成。

注：原料可以根据实际需求多样变化，也可以用黑米粉、糯米粉、大米粉、黑豆粉等；也可以加蔬菜末，如芹菜末、芹菜叶、胡萝卜末等。

（三）营养分析

每 100 g 小窝头含热量 1553 kJ，营养分析如表 5-2-75 所示。

表 5-2-75 小窝头的营养分析

营养成分	每 100 g 总量中含量
蛋白质	10.2 g
脂肪	3.7 g
糖类	74.3 g
膳食纤维	4.5 g
胆固醇	0 mg
维生素 A	7 μgRAE
维生素 C	0 mg
钙	46 mg
钠	2.4 mg

七十五、红枣窝头

红枣窝头成品如图 5-2-75 所示。

图 5-2-75 红枣窝头

（一）原料

玉米面 3000 g，面粉 2000 g，红枣片 1000 g，水 2500 g。

（二）制作方法

（1）将玉米面、面粉、红枣片加水，和成面团，揉匀醒发备用。

（2）将醒发好的面团搓成长条，分摘成每个 50 g 的剂子，捏成窝头形状的生坯，稍醒。

（3）把生坯摆在蒸盘内，醒发至表面光滑，放入蒸箱，蒸 15 min 即成。

（三）营养分析

每 100 g 红枣窝头含热量 1390 kJ，营养分析如表 5-2-76 所示。

表 5-2-76 红枣窝头的营养分析

营养成分	每 100 g 总量中含量
蛋白质	7.8 g
脂肪	1.4 g
糖类	72 g
膳食纤维	6 g
胆固醇	0 mg
维生素 A	2 μgRAE
维生素 C	8.71 mg
钙	24 mg
钠	1.9 mg

七十六、红枣粽子

红枣粽子成品如图 5-2-76 所示。

图 5-2-76 红枣粽子

（一）原料

糯米 5000 g，红枣 1000 g，粽子叶 625 g，细麻绳 100 根。

（二）制作方法

（1）将糯米用水淘洗干净、泡透，红枣洗净，粽叶煮好、洗净，上述材料均浸泡于水中。

（2）将两张粽叶一反一正，弯成锥形的筒，放入糯米 50 g，再放 2~4 个红枣，包成四角粽子形，然后用麻绳捆好成生坯。

（3）把生坯放入锅内，加水（水要漫过粽子），大火烧开，小火焖煮 4 h 即可。

（三）营养分析

每 100 g 红枣粽子含热量 1415 kJ，营养分析如表 5-2-77 所示。

表 5-2-77 红枣粽子的营养分析

营养成分	每 100 g 总量中含量
蛋白质	6.6 g
脂肪	0.9 g
糖类	75.7 g
膳食纤维	1.7 g
胆固醇	0 mg
维生素 A	0 μgRAE
维生素 C	2.33 mg
钙	32 mg
钠	2.3 mg

七十七、蛋黄鲜肉粽子

蛋黄鲜肉粽子成品如图 5-2-77 所示。

图 5-2-77 蛋黄鲜肉粽子

（一）原料

蛋黄 2000 g，糯米 5000 g，夹心瘦肉 1000 g，肥膘肉 1000 g，粽子叶 625 g，细麻绳 100 根，食盐 50 g，酱油 800 g，高粱酒 65 g，葱汁 100 g，姜汁 100 g，白糖 200 g，鸡精 20 g，胡椒粉 25 g。

（二）制作方法

（1）将粽叶放入开水中煮好，捞出用冷水洗净后，浸于水中。

（2）将夹心瘦肉洗净切成块，肥肉膘洗净切成块，用酱油、食盐、高粱酒、葱汁、姜汁、鸡精、胡椒粉等一起拌匀，腌渍入味。

（3）将糯米淘净，沥干水，倒入盆内，加白糖、酱油、食盐、鸡精一起拌匀，静置1 h 翻一次，包粽子前再翻一下，使米粒吸足调料。

（4）将两张粽叶一反一正，弯成锥形的筒，放入糯米 30 g，再加一个蛋黄、一块夹心瘦肉、一块肥膘，上面再放米，包成四角粽子形，然后用麻绳捆好成生坯。

（5）把生坯放入锅内，加水（水要漫过粽子），大火烧开，小火焖煮 4 h 即可。

（三）营养分析

每 100 g 蛋黄鲜肉粽子含热量 1561 kJ，营养分析如表 5-2-78 所示。

表 5-2-78 蛋黄鲜肉粽子的营养分析

营养成分	每 100 g 总量中含量
蛋白质	8 g
脂肪	19.6 g
糖类	41.2 g
膳食纤维	0.5 g
胆固醇	33 mg
维生素 A	8 μgRAE
维生素 C	0.07 mg
钙	21 mg
钠	1018.4 mg

七十八、紫米年糕

紫米年糕成品如图 5-2-78 所示。

图 5-2-78 紫米年糕

（一）原料

糯米 2500 g，黑米 1500 g，红枣 1500 g，白糖 750 g，水 3000 g，葡萄干 1000 g。

（二）制作方法

（1）将糯米、黑米、红枣和 600 g 葡萄干淘洗干净，放入水中，加入白糖拌匀，放入蒸箱，蒸制 1.5 h 成米糕。

（2）取出晾凉，撒上 400 g 葡萄干，改刀即可。

（三）营养分析

每 100 g 紫米年糕含热量 1411 kJ，营养分析如表 5-2-79 所示。

表 5-2-79 紫米年糕的营养分析

营养成分	每 100 g 总量中含量
蛋白质	5.4 g
脂肪	0.9 g
糖类	76.8 g
膳食纤维	2.3 g
胆固醇	0 mg
维生素 A	0 μgRAE
维生素 C	8.09 mg
钙	28 mg
钠	5.2 mg

七十九、杂粮锅贴

杂粮锅贴成品如图 5-2-79 所示。

图 5-2-79 杂粮锅贴

（一）原料

玉米面 2000 g，面粉 2000 g，黑豆面 1000 g，酵母 50 g，白糖 50 g，水 2500 g。

（二）制作方法

（1）将面粉、玉米面、黑豆面、酵母、白糖掺拌均匀后加入温水，和成面团，揉匀醒发备用。

（2）将面团用压面机压至表面平滑，卷起，搓成长条，下成每个 110 g 的剂子，擀成长条形面片，放入蒸盘醒发 20 min，然后放入蒸箱蒸 20 min，取出备用。

（3）将蒸熟的面片放入倒过油的电饼铛内，加入面粉水，盖上盖，220 ℃煎 10 min 即可。

（三）营养分析

每 100 g 杂粮锅贴含热量 1498 kJ，营养分析如表 5-2-80 所示。

表 5-2-80 杂粮锅贴的营养分析

营养成分	每 100 g 总量中含量
蛋白质	12.6 g
脂肪	2.3 g
糖类	71.6 g
膳食纤维	4 g
胆固醇	0 mg
维生素 A	2 µgRAE
维生素 C	0 mg
钙	31 mg
钠	2.7 mg

八十、杂粮烤饼

杂粮烤饼成品如图 5-2-80 所示。

图 5-2-80 杂粮烤饼

（一）原料

面粉 2800 g，豆面 1100 g，玉米面 1100 g，酵母 60 g，白芝麻 150 g，水 2500 g。

（二）制作方法

（1）向面粉中加入酵母、豆面、玉米面拌匀后，加入水，和成面团，揉匀醒发备用。

（2）将面团搓成长条，下成每个 110 g 的剂子，擀成小圆饼，制成生坯。

（3）将生坯放入烤盘中，撒上白芝麻，醒发 10 min，放入烤箱，280 ℃烤 10 min 即可。

（三）营养分析

每 100 g 杂粮烤饼含热量 1507 kJ，营养分析如表 5-2-81 所示。

表 5-2-81 杂粮烤饼的营养分析

营养成分	每 100 g 总量中含量
蛋白质	15.9 g
脂肪	3 g
糖类	67.5 g
膳食纤维	3.9 g
胆固醇	0 mg
维生素 A	2 μgRAE
维生素 C	0 mg
钙	69 mg
钠	3.8 mg

第三节 山大风味食品

一、八宝饭

八宝饭成品如图 5-3-1 所示。

（一）原料

糯米 5000 g，绵白糖 1000 g，青梅 75 g，糖冬瓜 200 g，葡萄干 200 g，瓜子仁 75 g，核桃仁 75 g，去核枣 750 g，豆沙馅 1250 g，湿淀粉 25 g，莲子 500 g，桂花酱 125 g，猪油 125 g。

图片 5-3-1 八宝饭

（二）制作方法

（1）糯米淘洗干净，蒸熟备用。

（2）将青梅切成长条，糖冬瓜改刀、切片，葡萄干洗净捏扁，莲子煮熟，瓜子仁、核桃仁炒熟备用。

（3）取一个碗，内壁上抹一层猪油，将青梅、糖冬瓜、葡萄干、莲子、瓜子仁、核桃仁摆在碗底，放上与红枣拌在一起的糯米熟饭，上笼蒸 20 min 取出，扣在盘内备用。

（4）锅内加白糖及适量水烧沸，用湿淀粉勾芡，放入少许桂花酱，浇在米饭上即成。

（三）营养分析

每 100 g 八宝饭含热量 1389 kJ，营养分析如表 5-3-1 所示。

表 5-3-1 八宝饭的营养分析

营养成分	每 100 g 总量中含量
蛋白质	4.8 g
脂肪	2.5 g
糖类	72.7 g
膳食纤维	1.4 g
胆固醇	1 mg
维生素 A	1 μgRAE
维生素 C	1.42 mg
钙	24 mg
钠	11.6 mg

二、什锦果汁饭

什锦果汁饭成品如图 5-3-2 所示。

图 5-3-2 什锦果汁饭

（一）原料

粳米 5000 g，砂糖 1000 g，牛奶 5000 g，湿淀粉 300 g，菠萝丁 1000 g，蜜枣丁 500 g，苹果丁 2000 g，葡萄干 500 g，青梅丁 500 g，碎核桃仁 500 g，蔓越莓干 300 g。

（二）制作方法

（1）将粳米洗净，放入牛奶和适量水，蒸熟，拌入 300 g 砂糖备用。

（2）将菠萝丁、蜜枣丁、苹果丁、葡萄干、青梅丁、碎核桃仁、蔓越莓干和 700 g 砂糖放入锅内，加清水烧沸，勾芡制成什锦沙司。

（3）将米饭盛入碗内，扣入盘中，浇上什锦沙司即成。

（三）营养分析

每 100 g 什锦果汁饭含热量 979 kJ，营养分析如表 5-3-2 所示。

表 5-3-2 什锦果汁饭的营养分析

营养成分	每 100 g 总量中含量
蛋白质	3.4 g
脂肪	2.6 g
糖类	49.2 g
膳食纤维	0.8 g
胆固醇	4 mg
维生素 A	7 μgRAE
维生素 C	4.35 mg
钙	36 mg
钠	12 mg

三、杏园全素拌饭

杏园全素拌饭成品如图 5-3-3 所示。

图 5-3-3 杏园全素拌饭

（一）原料

米饭 5000 g，胡萝卜 800 g，海鲜菇 800 g，西芹 600 g，西葫芦 1000 g，菜花 800 g，香菇 600 g，鸡蛋 20 个（约 1200 g），花椒油 100 g，香油 100 g，食盐 40 g，鸡精 20 g，泡菜 500 g，蒜蓉辣酱 500 g。

（二）制作方法

（1）将胡萝卜、海鲜菇、西葫芦、香菇洗净切成丝；西芹洗净切段；菜花洗净，择成小朵，分别焯水、捞出、晾凉备用。

（2）将焯水的蔬菜分别加入食盐、鸡精、花椒油、香油调匀备用。

（3）锅内放油，烧至五成热，磕入鸡蛋，将鸡蛋煎成太阳蛋备用。

（4）取石锅，锅底刷上香油，放入米饭 300 g，然后将调味的六种蔬菜分别码放在米饭上，放上煎好的太阳蛋。

（5）将石锅盖上盖子，放在煲仔炉上加热约 2 min，放入调好的泡菜，淋上香油，撒上蒜蓉辣酱即可。

（三）营养分析

每 100 g 杏园全素拌饭含热量 393 kJ，营养分析如表 5-3-3 所示。

表 5-3-3 杏园全素拌饭的营养分析

营养成分	每 100 g 总量中含量
蛋白质	3.1 g
脂肪	2.6 g
糖类	14.7 g
膳食纤维	0.9 g
胆固醇	56 mg
维生素 A	49 µgRAE
维生素 C	3.67 mg
钙	25 mg
钠	434 mg

四、番茄鸡肉焗饭

番茄鸡肉焗饭成品如图 5-3-4 所示。

（一）原料

西红柿 1000 g，鸡腿肉 1000 g，土豆 1000 g，青椒 250 g，红椒 250 g，洋葱 250 g，玉米粒 250 g，马苏里拉芝士 300 g，黑椒碎 30 g，黄油 80 g，番茄酱 500 g，食盐 50 g，鸡精 20 g，食用油 300 g，蚝油 300 g，料酒 150 g，米饭 6000 g。

图 5-3-4 番茄鸡肉焗饭

（二）制作方法

（1）西红柿洗净，去皮，切块；土豆去皮，洗净，切成滚刀块；青椒、红椒、洋葱洗净，切成碎丁备用。

（2）切好的土豆加入食盐、鸡精、食用油、黑椒碎拌匀，放入 180 ℃的烤箱内，烤制 25 min；鸡腿肉洗净后加入蚝油、黑胡椒碎、食盐、鸡精、料酒腌制 2 h 入味，放入烤盘中，然后放入 180 ℃的烤箱内，烤制 5 min 后切成边长 1.5 cm 的块备用。

（3）锅中加入油，烧至五成热时，放入洋葱煸炒出香味，放入西红柿、番茄酱、土豆翻炒，加入食盐、鸡精、蚝油和少许水，待炒至泥状时，倒入切好的鸡腿排，翻炒均匀出锅，即成西红柿酱汁备用。

（4）取一个锡纸碗，底层刷油，将熟米饭均匀地铺在碗中，撒一层芝士碎，浇上西红柿酱汁，再撒上一层芝士碎，撒上青红椒丁、玉米粒，放入 180 ℃的烤箱中焗烤 5 min 即可。

（三）营养分析

每 100 g 番茄鸡肉焗饭含热量 544 kJ，营养分析如表 5-3-4 所示。

表 5-3-4 番茄鸡肉焗饭的营养分析

营养成分	每 100 g 总量中含量
蛋白质	4.9 g
脂肪	4.2 g
糖类	18.2 g
膳食纤维	0.7 g
胆固醇	11 mg
维生素 A	14 μgRAE
维生素 C	6.55 mg
钙	44 mg
钠	129.7 mg

五、蜜汁叉烧饭

蜜汁叉烧饭成品如图 5-3-5 所示。

图 5-3-5 蜜汁叉烧饭

（一）原料

梅花肉 2000 g，米饭 6000 g，叉烧酱 200 g，海鲜酱 95 g，南乳汁 8 g，红酒 20 g，蜂蜜 320 g，白糖 100 g，食盐 30 g，鸡精 20 g，糖桂花 80 g，柠檬汁 6 g。

（二）制作方法

（1）将梅花肉洗净，改刀切厚片放入盆中，加入叉烧酱、海鲜酱、南乳汁、红酒、蜂蜜、白糖、食盐、鸡精，抓拌均匀，腌制入味。

（2）将腌好的肉片放入烤盘，放进烤箱，150 ℃烤 50 min 取出，淋入糖桂花和柠檬汁，拌匀备用。

（3）碗中盛好米饭 300 g，盖上 70 g 叉烧肉片即可。

（三）营养分析

每 100 g 蜜汁叉烧饭含热量 536 kJ，营养分析如表 5-3-5 所示。

表 5-3-5 蜜汁叉烧饭的营养分析

营养成分	每 100 g 总量中含量
蛋白质	5.6 g
脂肪	1.4 g
糖类	23.3 g
膳食纤维	0.4 g
胆固醇	14 mg
维生素 A	8 μgRAE
维生素 C	0.09 mg
钙	7 mg
钠	146.1 mg

六、元气满满肥牛饭

元气满满肥牛饭成品如图 5-3-6 所示。

图 5-3-6 元气满满肥牛饭

（一）原料

米饭 6000 g，洋葱 500 g，肥牛片 2000 g，老抽 20 g，味达美 30 g，秘制红烧汁 40 g，西兰花 300 g，鸡精 20 g，食盐 30 g，糖 50 g，牛骨高汤 960 g，湿淀粉 80 g，植物油 120 g。

（二）制作方法

（1）将洋葱洗净，改刀切丝；肥牛片洗净焯水至熟捞出，晾凉备用；西兰花洗净，择成小朵，焯水、捞出，过凉备用。

（2）锅中倒油，烧至六成热，放入洋葱丝煸炒出香味，放入肥牛片翻炒均匀，倒入牛骨高汤，加入老抽、味达美、秘制红烧汁、食盐、糖、鸡精进行调味，大火烧开，用湿淀粉勾芡成肥牛片料汁。

（3）盘中盛好米饭 300 g，摆上西兰花，浇上 120 g 肥牛片料汁即可。

（三）营养分析

每 100 g 元气满满肥牛饭含热量 565 kJ，营养分析如表 5-3-6 所示。

表 5-3-6 元气满满肥牛饭的营养分析

营养成分	每 100 g 总量中含量
蛋白质	6 g
脂肪	3.1 g
糖类	20.9 g
膳食纤维	0.3 g
胆固醇	17 mg
维生素 A	1 μgRAE
维生素 C	0.32 mg
钙	11 mg
钠	182.8 mg

七、番茄肥牛饭

番茄肥牛饭成品如图 5-3-7 所示。

图 5-3-7 番茄肥牛饭

（一）原料

米饭 6000 g，洋葱 400 g，肥牛片 2000 g，番茄 480 g，茄膏 120 g，番茄沙司 160 g，番茄火锅底料 120 g，高汤 1300 g，糖 50 g，食盐 30 g，鸡粉 20 g。

（二）制作方法

（1）洋葱改刀切丝，番茄改刀切块，肥牛片焯水烫熟备用。

（2）锅中倒油烧至六成热，放入洋葱丝煸炒至透亮，再放番茄块炒软，再放茄膏、番茄沙司、番茄火锅底料，炒出香味后倒入高汤，将烫好的肥牛片放入，烧开后加入食盐、糖调味，用湿淀粉苟芡，出锅前加入鸡粉。

（3）在碗中放入米饭，在米饭上铺上炒好的番茄肥牛即可。

（三）营养分析

每 100 g 番茄肥牛饭含热量 440 kJ，营养分析如表 5-3-7 所示。

表 5-3-7 番茄肥牛饭的营养分析

营养成分	每 100 g 总量中含量
蛋白质	5.5 g
脂肪	0.9 g
糖类	18.5 g
膳食纤维	0.5 g
胆固醇	14 mg
维生素 A	4 µgRAE
维生素 C	1.57 mg
钙	12 mg
钠	117.8 mg

八、照烧鸡排饭

照烧鸡排饭成品如图 5-3-8 所示。

（一）原料

鸡腿排 2000 g，味达美酱油 120 g，料酒 70 g，味淋 80 g，蜂蜜 260 g，白糖 40 g，米饭 6000 g，西兰花 300 g。

（二）制作方法

（1）将鸡腿洗净打上花刀，加入味达美酱油、料酒、味淋、蜂蜜、白糖拌匀，腌制入味；西兰花洗净，择成小朵，焯水、捞出，过凉备用。

图 5-3-8 照烧鸡排饭

（2）将腌好的鸡腿排放入烤盘，刷上照烧汁，放进烤箱，180 ℃烤 30 min，取出晾凉，改刀切成条状备用。

（3）米饭 300 g 盛入盘中，摆上西兰花和改刀的鸡腿排即可。

（三）营养分析

每 100 g 照烧鸡排饭含热量 553 kJ，营养分析如表 5-3-8 所示。

表 5-3-8 照烧鸡排饭的营养分析

营养成分	每 100 g 总量中含量
蛋白质	6.4 g
脂肪	1.9 g
糖类	22.2 g
膳食纤维	0.2 g
胆固醇	22 mg
维生素 A	5 μgRAE
维生素 C	0.17 mg
钙	7 mg
钠	115.3 mg

附：照烧汁的原料及制作方法

（一）原料

味淋 450 g，料酒 400 g，味达美酱油 500 g，蜂蜜 700 g，白糖 250 g，水 380 g。

（二）制作方法

将味淋、料酒、味达美酱油、蜂蜜、白糖、水一同放入锅中，大火烧开后转小火熬至黏稠，有焦糖味即可。

九、齐园卤肉饭

齐园卤肉饭成品如图5-3-9所示。

（一）原料

米饭 6000 g，五花肉 3000 g，香菇 1500 g，洋葱 500 g，葱 100 g，姜 80 g，蒜 50 g，小米辣 50 g，食用油 200 g，味达美 50 g，蚝油 100 g，生抽 50 g，老抽 30 g，料酒 100 g，啤酒 500 mL，冰糖 150 g，卤料 2 包，鸡精 10 g，大蒜粉 10 g，奶油菜 600 g，卤鸡蛋 10 个（600 g）。

图 5-3-9 齐园卤肉饭

（二）制作方法

（1）五花肉洗净切条，奶油菜洗净，香菇去蒂洗净切片，洋葱剥皮切碎，葱、姜、蒜洗净并分别切成末，小米辣洗净切段，卤鸡蛋一分为二备用。

（2）锅内加水，水开后，分别放入奶油菜、香菇，焯水后捞出，过凉备用。

（3）锅内倒油，凉油放入冰糖，炒至糖液冒黄泡时，加入热水炒成糖色，盛出备用。

（4）锅内倒油，烧至七成热时，放入五花肉条过油，捞出、控油；放入洋葱碎炸至变色出香，捞出、控油备用。

（5）锅内倒油，烧至五成热时，放入葱、姜、蒜末煸炒出香味，放入香菇丝、五花肉煸炒均匀，加入蚝油、老抽、生抽、味达美、卤料包、啤酒、料酒、糖色，热水调和均匀，大火烧开，小火炖煮 2 h 后，加入鸡精、大蒜粉调味，随后放入小米辣和炸好的洋葱碎，即成卤肉汁备用。

（6）米饭 300 g 盛入碗内，放上奶白菜、卤鸡蛋，浇入卤肉汁即可。

（三）营养分析

每 100 g 齐园卤肉饭含热量 649 kJ，营养分析如表5-3-9所示。

表 5-3-9 齐园卤肉饭的营养分析

营养成分	每100 g 总量中含量
蛋白质	3.8 g
脂肪	7.8 g
糖类	17.6 g
膳食纤维	0.6 g
胆固醇	11 mg
维生素 A	9 μgRAE
维生素 C	0.86 mg
钙	16 mg
钠	100.6 mg

十、咖喱鸡饭

咖喱鸡饭成品如图5-3-10所示。

（一）原料

米饭5000 g，鸡腿2000 g，土豆1500 g，胡萝卜1500 g，自制咖喱酱100 g，巴巴斯咖喱粉40 g，韩国咖喱粉60 g，椰浆120 mL，食盐50 g，白糖50 g，水400 g，黑芝麻100 g，香葱200 g。

（二）制作方法

（1）将鸡腿洗净，剁成块；土豆、胡萝卜去皮洗净，切成滚刀块；香葱洗净，切成末备用。

图5-3-10 咖喱鸡饭

（2）锅内加水烧开，分别将鸡腿、土豆、胡萝卜焯水后捞出，过凉备用。

（3）锅内加水，放入鸡块、土豆块、胡萝卜块，加入巴巴斯咖喱粉、韩国咖喱粉、自制咖喱酱、椰浆、食盐、白糖、水搅拌均匀，大火烧开，小火炖制40 min即成咖喱鸡块。

（4）取碗，一边放米饭，撒上少许黑芝麻；另一边放咖喱鸡块，撒上少许香葱末即可。

（三）营养分析

每100 g咖喱鸡饭含热量615 kJ，营养分析如表5-3-10所示。

附：自制咖喱酱的原料和制作方法

（一）原料

洋葱2500 g，姜500 g，蒜200 g，食用油200 g，桂皮50 g，香叶5 g，八角20 g，小茴香10 g，辣椒面40 g，孜然面80 g，韩国咖喱粉300 g，巴巴斯咖喱粉400 g，姜黄粉250 g，水2000 g。

（二）制作方法

（1）将洋葱、姜、蒜洗净后分别加入色拉油，榨成洋葱汁、姜汁和蒜汁备用。

表5-3-10 咖喱鸡饭的营养分析

营养成分	每100 g总量中含量
蛋白质	7 g
脂肪	3.1 g
糖类	22.7 g
膳食纤维	3.5 g
胆固醇	20 mg
维生素A	23 μgRAE
维生素C	1.59 mg
钙	58 mg
钠	86.9 mg

（2）锅中加入食用油，烧至六成热，放入桂皮、香叶、八角、小茴香煸炒出香味，倒入姜汁、辣椒面炒出红油，加入洋葱汁、孜然面、蒜汁煸炒均匀，加入韩国咖喱粉、巴巴斯咖喱粉、姜黄粉炒出香味，倒入水，大火烧开，小火熬2 h即可。

十一、杏园杂粮饭

杏园杂粮饭成品如图 5-3-11 所示。

图 5-3-11 杏园杂粮饭

（一）原料

大米 2500 g，黑米 625 g，糯米 625 g，燕麦 250 g，荞麦 250 g，红芸豆 250 g，花生米 500 g，水 5000 g。

（二）制作方法

（1）将所有原料淘洗干净，放入蒸盘，加入适量的水。

（2）将蒸盘放入蒸箱，蒸 40 min 即可。

（三）营养分析

每 100 g 杏园杂粮饭含热量 1440 kJ，营养分析如表 5-3-11 所示。

表 5-3-11 杏园杂粮饭的营养分析

营养成分	每 100 g 总量中含量
蛋白质	9.1 g
脂肪	1.2 g
糖类	74.1 g
膳食纤维	2.3 g
胆固醇	0 mg
维生素 A	1 μgRAE
维生素 C	0 mg
钙	28 mg
钠	2.7 mg

十二、芝士鸡肉铁板饭

芝士鸡肉铁板饭成品如图 5-3-12 所示。

（一）原料

米饭 6000 g，去骨鸡腿肉 2000 g，白玉菇 1000 g，豆角 1000 g，西兰花 500 g，洋葱 500 g，黑胡椒碎 15 g，马苏里拉芝士 400 g，黑椒汁 200 g，食用油 200 g，黄油 250 g，蚝油 250 g，料酒 200 g，食盐 50 g，鸡精 20 g，味精、花椒油、香油适量。

图 5-3-12 芝士鸡肉铁板饭

（二）制作方法

（1）白玉菇、豆角洗净切段；西兰花洗净，择成小朵；洋葱洗净切碎；鸡腿洗净，打上花刀，改刀切成片备用。

（2）鸡片放入盆内，加入蚝油、黑椒碎、料酒、食盐、味精调拌均匀，腌制 2 h 后放入烤盘，180 ℃烤 20 min，取出晾凉，切条备用。

（3）锅内加水烧开，分别将白玉菇、豆角、西兰花焯水后捞出，晾凉，加入食盐、味精、花椒油、香油，拌匀备用。

（4）取一块铁板，先刷油，再加入 25 g 黄油，放置在电磁灶上加热，待黄油融化至五成热时，放入 50 g 洋葱煸炒出香味，扣入 300 g 米饭，放入豆角、白玉菇、西兰花、鸡腿排，撒上马苏里拉芝士 40 g，加热 2 min，淋上黑椒汁、香油即可。

（三）营养分析

每 100 g 芝士鸡肉铁板饭含热量 565 kJ，营养分析如表 5-3-12 所示。

表 5-3-12 芝士鸡肉铁板饭的营养分析

营养成分	每 100 g 总量中含量
蛋白质	6.6 g
脂肪	5.4 g
糖类	15.1 g
膳食纤维	0.6 g
胆固醇	22 mg
维生素 A	12 μgRAE
维生素 C	3.99 mg
钙	45 mg
钠	131.7 mg

十三、老干妈牛肉炒饭

老干妈牛肉炒饭成品如图 5-3-13 所示。

图 5-3-13 老干妈牛肉炒饭

（一）原料

熟米饭 5000 g，熟牛肉 400 g，胡萝卜 600 g，香菇 400 g，卷心菜 800 g，蒜末 100 g，葱末 160 g，青豆粒 200 g，玉米粒 200 g，老干妈香辣酱 2 瓶，砂糖 120 g，老抽 80 g，食用油 300 g，食盐 50 g。

（二）制作方法

（1）将胡萝卜、香菇、卷心菜洗净切成丁，牛肉切小丁，玉米粒、青豆粒煮熟备用。

（2）锅内加油，烧至五成热时加入蒜末、葱末煸炒出香味，放入老干妈辣酱、胡萝卜丁、香菇丁、卷心菜、牛肉粒、青豆粒、玉米粒、食盐、砂糖、老抽翻炒入味，然后加入米饭快速翻炒均匀即可。

（三）营养分析

每 100 g 老干妈牛肉炒饭含热量 598 kJ，营养分析如表 5-3-13 所示。

表 5-3-13 老干妈牛肉炒饭的营养分析

营养成分	每 100 g 总量中含量
蛋白质	4.3 g
脂肪	4.5 g
糖类	21.3 g
膳食纤维	1.5 g
胆固醇	4 mg
维生素 A	25 µgRAE
维生素 C	3.59 mg
钙	29 mg
钠	204.7 mg

十四、炸酱面

炸酱面成品如图 5-3-14 所示。

图 5-3-14 炸酱面

（一）原料

鲜面条 5000 g，猪肉 1250 g，黄瓜 1500 g，酱瓜 250 g，甜面酱 500 g，酱油 250 g，食盐 50 g，鸡精 10 g，姜末 75 g，葱末 125 g，水发笋 750 g，食用油 500 g，花椒油 50 g，湿淀粉 50 g，清汤 2500 g。

（二）制作方法

（1）将猪肉、酱瓜、笋、黄瓜切成小丁备用。

（2）锅内加油，烧至五成热时，放入肉丁炒至肉色发白，放入甜面酱炒熟，加入葱末、姜末煸炒出香味，然后放入笋、黄瓜炒酱，翻炒均匀，加入清汤、酱油、食盐、鸡精，用湿淀粉勾芡，淋上花椒油，制成炸酱汁。

（3）将面条放入开水锅中煮熟，捞出、过凉，盛入碗内，浇入炸酱汁拌食即可。

（三）营养分析

每 100 g 炸酱面含热量 1172 kJ，营养分析如表 5-3-14 所示。

表 5-3-14 炸酱面的营养分析

营养成分	每 100 g 总量中含量
蛋白质	7.5 g
脂肪	10.8 g
糖类	38.2 g
膳食纤维	0.7 g
胆固醇	11 mg
维生素 A	4 μgRAE
维生素 C	0.64 mg
钙	18 mg
钠	621.1 mg

十五、海米葱油拌面

海米葱油拌面成品如图 5-3-15 所示。

图 5-3-15 海米葱油拌面

（一）原料

鲜面条 5000 g，葱 2000 g，食用油 1000 g，海米 500 g，榨菜 500 g，味达美酱油 500 g，醋 250 g。

（二）制作方法

（1）葱洗净切成葱丝，海米、榨菜切成丁备用。

（2）锅中放入油，烧至八成热时放入葱丝，用微火熬至葱色发黄，制成葱油备用。

（3）将味达美酱油、醋兑成料汁，备用。

（4）锅内加水烧开，将面条煮熟，捞出分盛在碗内，分别加入葱油、海米、榨菜丁，浇上料汁即成。

（三）营养分析

每 100 g 海米葱油拌面含热量 1302 kJ，营养分析如表 5-3-15 所示。

表 5-3-15 海米葱油拌面的营养分析

营养成分	每 100 g 总量中含量
蛋白质	7.5 g
脂肪	10.8 g
碳水化合物	35 g
膳食纤维	1 g
胆固醇	27 mg
维生素 A	4 μgRAE
维生素 C	0.72 mg
钙	60 mg
钠	615.2 mg

十六、济南炒面

济南炒面成品如图 5-3-16 所示。

图 5-3-16 济南炒面

（一）原料

鲜面条 2000 g，猪肉 1000 g，大葱 500 g，青蒜 500 g，鲜笋 500 g，姜 50 g，绿豆芽 500 g，水发木耳 250 g，鸡精 20 g，食用油 2000 g，香油 50 g，酱油 100 g，食盐 30 g，高汤适量。

（二）制作方法

（1）猪肉洗净切丝，葱、姜、鲜笋、木耳洗净切丝，青蒜择洗干净切成段，豆芽洗净备用。

（2）锅内加水烧开，将面条煮至八成熟，捞出、沥水、拌油备用。

（3）锅内加油，烧至八成热，将面条炸至金黄色捞出、沥油，再焯水备用。

（4）锅内放油，烧至五成热时，放入肉丝炒至肉色发白，放入葱丝、姜丝煸炒出香味后，放入笋丝、绿豆芽、木耳、面条翻炒均匀，加入食盐、酱油、鸡精、高汤、青蒜翻炒调味，淋上香油即可。

（三）营养分析

每 100 g 济南炒面含热量 1193 kJ，营养分析如表 5-3-16 所示。

表 5-3-16 济南炒面的营养分析

营养成分	每 100 g 总量中含量
蛋白质	5.7 g
脂肪	19.4 g
糖类	22 g
膳食纤维	0.8 g
胆固醇	12 mg
维生素 A	7 µgRAE
维生素 C	1.91 mg
钙	15 mg
钠	372.1 mg

十七、雪菜肉丝面

雪菜肉丝面成品如图 5-3-17 所示。

图 5-3-17 雪菜肉丝面

（一）原料

鲜面条 5000 g，雪菜 1000 g，猪肉 2000 g，食盐 50 g，鸡精 20 g，葱 100 g，姜 50 g，食用油 300 g，高汤适量。

（二）制作方法

（1）猪肉洗净切成丝，雪菜去根洗净，切成段备用。

（2）炒锅加入油，烧至五成热时放入肉丝，炒至肉色发白时，放入葱、姜炒出香味，再放入雪菜翻炒均匀，加入食盐、鸡精、高汤调味烧开，制成雪菜肉丝汤卤汁。

（3）锅内加水烧开，将鲜面条煮熟，捞出，盛入碗内，浇入雪菜肉丝汤卤汁即可。

（三）营养分析

每 100 g 雪菜肉丝面含热量 1712 kJ，营养分析如表 5-3-17 所示。

表 5-3-17 雪菜肉丝面的营养分析

营养成分	每 100 g 总量中含量
蛋白质	7.3 g
脂肪	27.5 g
糖类	33.2 g
膳食纤维	0.6 g
胆固醇	25 mg
维生素 A	9 μgRAE
维生素 C	3.08 mg
钙	30 mg
钠	297.8 mg

十八、阳春面

阳春面成品如图 5-3-18 所示。

图 5-3-18 阳春面

（一）原料

鲜面条 5000 g，猪腿骨 5000 g，香葱 1000 g，食盐 50 g，鸡精 20 g，味精 20 g。

（二）制作方法

（1）猪腿骨洗净砸断，香葱洗净切成末备用。

（2）猪腿骨放入锅内，加水大火烧开，小火煮 12 h，撇去浮沫，加入食盐、味精、鸡精，熬成猪骨高汤备用。

（3）锅内烧水，将面条煮熟捞出，盛在碗中，撒上香葱末，浇上猪骨高汤即可。

（三）营养分析

每 100 g 阳春面含热量 2411 kJ，营养分析如表 5-3-18 所示。

表 5-3-18 阳春面的营养分析

营养成分	每 100 g 总量中含量
蛋白质	4.6 g
脂肪	54.2 g
糖类	17.6 g
膳食纤维	0.3 g
胆固醇	75 mg
维生素 A	52 μgRAE
维生素 C	0.3 mg
钙	10 mg
钠	416.6 mg

十九、意大利肉酱面

意大利肉酱面成品如图 5-3-19 所示。

图 5-3-19 意大利肉酱面

（一）原料

鲜面条 5000 g，精肉馅 1000 g，洋葱 1000 g，胡萝卜 500 g，芹菜 1000 g，西红柿 500 g，红葡萄酒 500 mL，食用油 300 g，芝士粉 100 g，食盐 50 g，蒜末 100 g，胡椒粉 50 g，高汤适量。

（二）制作方法

（1）将西红柿洗净切成块，洋葱、胡萝卜、芹菜洗净切成末备用。

（2）锅加热至六成热时，放入蒜末炒出香味后，放入洋葱末、胡萝卜末和一半芹菜末，翻炒均匀备用。

（3）锅中加入油，烧至六成热时放入精肉馅，炒至肉色发白时放入西红柿块煸炒，加入红葡萄酒、高汤和炒过的洋葱末、胡萝卜末、芹菜末，翻炒至呈浓稠状，再加入食盐、胡椒粉调味，制成酱汁。

（4）将鲜面条放入沸水中煮熟后捞出，过凉，盛在碗中，淋上酱汁、芝士粉，撒上剩余的芹菜末即可。

（三）营养分析

每 100 g 意大利肉酱面含热量 753 kJ，营养分析如表 5-3-19 所示。

表 5-3-19 意大利肉酱面的营养分析

营养成分	每 100 g 总量中含量
蛋白质	4.3 g
脂肪	11.4 g
糖类	15 g
膳食纤维	0.9 g
胆固醇	12 mg
维生素 A	87 μgRAE
维生素 C	6.43 mg
钙	16 mg
钠	126.1 mg

二十、炝锅面

炝锅面成品如图 5-3-20 所示。

图 5-3-20 炝锅面

（一）原料

挂面 2500 g，猪肉 500 g，白菜 1000 g，豆腐 800 g，葱末 35 g，姜末 35 g，食盐 50 g，料酒 50 g，鸡精 20 g，食用油 250 g，酱油 100 g，高汤适量。

（二）制作方法

（1）豆腐切成 1 cm 见方的丁，白菜、猪肉分别洗净后切成丝备用。

（2）锅内放油，烧至五成热，放入肉丝煸炒至肉色发白时，放入葱末、姜末煸炒出香味，倒入白菜丝煸炒，加食盐、料酒、酱油、豆腐丁翻炒均匀，加入高汤、鸡精烧开。

（3）将面条放入沸水锅中煮熟，盛碗后浇上卤汁即可。

（三）营养分析

每 100 g 炝锅面含热量 1206 kJ，营养分析如表 5-3-20 所示。

表 5-3-20 炝锅面的营养分析

营养成分	每 100 g 总量中含量
蛋白质	9 g
脂肪	9.4 g
糖类	41.9 g
膳食纤维	0.7 g
胆固醇	4 mg
维生素 A	3 μgRAE
维生素 C	4.12 mg
钙	40 mg
钠	531 mg

二十一、麻汁凉面

麻汁凉面成品如图 5-3-21 所示。

图 5-3-21 麻汁凉面

（一）原料

鲜面条 5000 g，麻汁 1000 g，咸香椿芽 1000 g，胡萝卜咸菜 500 g，黄瓜 1000 g，醋 300 g，大蒜 100 g，食盐 30 g。

（二）制作方法

（1）将咸香椿芽、胡萝卜咸菜分别切成碎末，把黄瓜切成细丝，大蒜剥皮砸成蒜泥备用。

（2）将麻汁 500 g 加醋、食盐、凉开水调稀成麻汁料汁，蒜泥加醋调成蒜泥醋汁备用。

（3）锅内烧水，将鲜面条煮熟、捞出，放在凉开水盆内过凉。

（4）取一个碗，盛入面条，放上咸香椿芽末、胡萝卜咸菜末、黄瓜丝，浇上蒜泥醋汁、麻汁料汁、麻汁即可。

（三）营养分析

每 100 g 麻汁凉面含热量 1030 kJ，营养分析如表 5-3-21 所示。

表 5-3-21 麻汁凉面的营养分析

营养成分	每 100 g 总量中含量
蛋白质	7.4 g
脂肪	3.6 g
糖类	45.9 g
膳食纤维	1.1 g
胆固醇	0 mg
维生素 A	25 µgRAE
维生素 C	3.39 mg
钙	87 mg
钠	133.4 mg

二十二、胶东打卤面

胶东打卤面成品如图 5-3-22 所示。

图 5-3-22 胶东打卤面

（一）原料

鲜面条 5000 g，五花肉 1000 g，食用油 300 g，鸡蛋 1000 g，水发木耳 400 g，水发香菇 400 g，豆角 1000 g，香菜 200 g，酱油 100 g，食盐 50 g，鸡精 20 g，料酒 100 g，葱末 50 g，姜末 50 g，蒜末 50 g，水淀粉适量。

（二）制作方法

（1）五花肉洗净切成丁；水发木耳撕成小朵，水发香菇切成丁，豆角洗净切成丁，香菜洗净切成末，鸡蛋磕在盆内，打匀成蛋液备用。

（2）炒锅加油，烧至五成热，放入五花肉煸炒至肉色变白，放入葱末、姜末、蒜末煸炒出香味，再放入豆角、木耳、香菇翻炒均匀，加酱油、味精、食盐、料酒、水调味翻匀，大火烧开，用水淀粉勾芡，浇入蛋液，再次开锅后，撒上香菜即成卤子。

（3）锅内加水烧开后，放入面条煮熟，捞出，过凉水备用。

（4）碗内盛入面条 350 g，浇上卤子即可。

（三）营养分析

表 5-3-22 胶东打卤面的营养分析

营养成分	每 100 g 总量中含量
蛋白质	9 g
脂肪	6 g
糖类	41.4 g
膳食纤维	0.8 g
胆固醇	31 mg
维生素 A	31 μgRAE
维生素 C	0.12 mg
钙	18 mg
钠	412.8 mg

每 100 g 胶东打卤面含热量 1072 kJ，营养分析如表 5-3-22 所示。

二十三、舜园油泼面

舜园油泼面成品如图 5-3-23 所示。

图 5-3-23 舜园油泼面

（一）原料

鲜面条 5000 g，酱肉末 500 g，食盐 60 g，鸡精 25 g，孜然粉 50 g，胡椒粉 50 g，辣椒面 75 g，食用油 300 g，酱油 125 g，醋 125 g，葱花 125 g，蒜末 125 g，青菜 500 g。

（二）制作方法

（1）奶油菜洗净，放入加食盐、食用油的开水中焯水，捞出，冲水；将食盐、鸡精、孜然粉、胡椒粉、酱油、醋放入碗中调匀，兑成汁备用。

（2）锅内加水烧开，放入鲜面条煮熟，捞出备用。

（3）取一个碗，盛入 350 g 面条，放入肉末、奶白菜，淋入兑汁，撒上葱花、蒜末、青菜、辣椒面，浇上八成热的油即可。

（三）营养分析

每 100 g 舜园油泼面含热量 1289 kJ，营养分析如表 5-3-23 所示。

表 5-3-23 舜园油泼面的营养分析

营养成分	每 100 g 总量中含量
蛋白质	7.8 g
脂肪	10.1 g
糖类	46.9 g
膳食纤维	1.1 g
胆固醇	6 mg
维生素 A	26μgRAE
维生素 C	0.66 mg
钙	32 mg
钠	518.1 mg

二十四、齐园板面

齐园板面成品如图 5-3-24 所示。

（一）原料

鲜面条 5000 g，酱牛肉 800 g，香料油 1200 g，牛骨汤适量。

（二）制作方法

（1）酱牛肉改刀，切成薄片备用。

（2）锅中加水烧开，将鲜面条煮熟，捞出备用。

（3）取一个碗，盛入煮熟的面条，冲入牛骨汤，放上酱牛肉，浇上香料油即可。

图 5-3-24 齐园板面

（三）营养分析

每 100 g 齐园板面含热量 1243 kJ，营养分析如表 5-3-24 所示。

附一：香料油的原料和制作方法

（一）原料

食用油 1500 g，牛油 1000 g，鸡油 500 g，干辣椒 50 g，葱 50 g，姜 50 g，蒜 50 g，八角 10 g，花椒 10 g，桂皮 10 g，丁香 3 g，肉蔻 4 g，草果 6 g，香叶 7 g，良姜 5 g，白芷 3 g，孜然 3 g。

（二）制作方法

（1）锅置放于旺火上，放入鸡油和牛油化开后，倒入食用油掺拌均匀，待油温升至六成热时，放入干辣椒、葱、姜、蒜、八角、花椒、桂皮、丁香、草果、肉蔻、白芷、香叶、良姜、孜然，炸至变色时捞出，即成香料油。

（2）将香料油倒入不锈钢桶内备用。

附二：牛骨汤的原料和制作方法

（一）原料

牛骨 5000 g，食盐 50 g，姜 300 g，葱 500 g，水适量。

（二）制作方法

（1）把牛骨洗干净；葱、姜洗净，姜切片、葱切段备用。

（2）锅内加入适量的水，放入牛骨、姜片、葱段，大火煮开，撇去浮沫，转小火熬煮 3 h 即可。

表 5-3-24 齐园板面的营养分析

营养成分	每 100 g 总量中含量
蛋白质	9.9 g
脂肪	3.8 g
糖类	55.8 g
膳食纤维	0.7 g
胆固醇	10 mg
维生素 A	1 μgRAE
维生素 C	4.72 mg
钙	13 mg
钠	192.3 mg

二十五、杏园热干面

杏园热干面成品如图 5-3-25 所示。

图 5-3-25 杏园热干面

（一）原料

热干面 5000 g，酸豆角 550 g，辣萝卜 550 g，香葱 300 g，食用油 500 g，花生酱 1000 g，芝麻酱 500 g，香辣酱 1000 g，韭花酱 200 g，花椒水 100 g，南乳汁 100 g，花生碎 1000 g。

（二）制作方法

（1）将香葱洗净切成末，辣萝卜洗净切成丁，酸豆角切成丁备用。

（2）锅中加水烧开，将热干面煮至八成熟时，捞出、过凉，拌油备用。

（3）将花生酱、芝麻酱用花椒水解开，加入南乳汁、韭花酱、香辣酱，调匀成酱汁备用。

（4）取 350 g 油拌的热干面，放入开水锅内煮 1 min 捞出，控水后装入碗内，加入辣萝卜、酸豆角、花生碎，撒上香葱末即可。

（三）营养分析

每 100 g 杏园热干面含热量 1566 kJ，营养分析如表 5-3-25 所示。

表 5-3-25 杏园热干面的营养分析

营养成分	每 100 g 总量中含量
蛋白质	8.6 g
脂肪	17.4 g
碳水化合物	38.1 g
膳食纤维	2.3 g
胆固醇	0 mg
维生素 A	4 μgRAE
维生素 C	0.28 mg
钙	104 mg
钠	793.5 mg

二十六、齐园小面

齐园小面成品如图5-3-26所示。

（一）原料

鲜面条5000 g，孜然面20 g，花椒面15 g，麻椒面20 g，味达美500 g，熟芝麻70 g，食盐50 g，大蒜200 g，香葱300 g，香菜300 g，奶油菜300 g，熟花生米300 g，小面料油1200 g，高汤适量。

图5-3-26 齐园小面

（二）制作方法

（1）香葱、香菜择洗干净切成末，奶油菜洗净焯水备用，大蒜捣成蒜泥。

（2）锅中加水烧开，放入鲜面条煮熟，捞出备用。

（3）取一个碗，加入花生、芝麻、孜然面、花椒面、麻椒面、味达美、食盐、蒜泥、小面料油，浇入烧开的高汤。

（4）盛入煮好的面条，放入奶油菜，撒上葱末、香菜末即可。

（三）营养分析

每100 g齐园小面含热量1130 kJ，营养分析如表5-3-26所示。

表5-3-26 齐园小面的营养分析

营养成分	每100 g 总量中含量
蛋白质	7.9 g
脂肪	2.1 g
糖类	55 g
膳食纤维	1.3 g
胆固醇	2 mg
维生素A	9 µgRAE
维生素C	4.82 mg
钙	28 mg
钠	196.3 mg

附：小面料油的原料和制作方法

（一）原料（约3000碗小面用量）

食用油40 L，牛油30 kg，鸡油5 kg，小茴香500 g，麻椒300 g，花椒500 g，陈皮50 g，桂皮250 g，良姜100 g，香叶100 g，八角200 g，草蔻15颗，白芷150 g，草果250 g，老干妈4瓶，小面酱1000 g，泡椒2000 g，辣椒王1000 g，花椒面500 g，麻辣牛油火锅底料4包，白蔻750 g，蒜末2000 g，葱花2000 g，姜末1500 g。

（二）制作方法

（1）锅置放旺火上，放入鸡油和牛油化开后，倒入食用油掺拌均匀，待油温升至六成热时，放入草蔻、白芷、桂皮、草果、良姜、八角炸出香味，再放入小茴香、麻椒、花椒面、陈皮、香叶、白蔻、葱花、蒜末、姜末炸出香味后，捞出香料料渣备用。

（2）再放入辣椒王、泡椒、小面酱、麻辣牛油火锅底料，待油料呈微红色时，过滤出料渣倒入不锈钢桶内，即成小面料油。

二十七、杏园肠粉

杏园肠粉成品如图 5-3-27 所示。

图 5-3-27 杏园肠粉

（一）原料

肠粉面 2000 g，水 1000 g，高汤 5000 g，味极鲜 200 g，海鲜酱油 100 g，鸡汁 50 g，食盐 30 g，食用油 100 g，生菜 1000 g，鸡蛋 20 个。

（二）制作方法

（1）向高汤中加入味极鲜、海鲜酱油、食盐、鸡精、糖，制作成肠粉料汁备用。

（2）取肠粉面，加入水搅匀，制成粉浆备用。

（3）肠粉炉开锅上汽后，取粉屉刷油，舀上一勺肠粉粉浆，摊匀摊平，加入一个鸡蛋打散，放上生菜，放入蒸炉内，蒸 2 min 取出，刮卷成肠状，放入盘中，淋上料汁即可。

（三）营养分析

每 100 g 杏园肠粉含热量 875 kJ，营养分析如表 5-3-27 所示。

表 5-3-27 杏园肠粉的营养分析

营养成分	每 100 g 总量中含量
蛋白质	4.5 g
脂肪	4.9 g
糖类	36.8 g
膳食纤维	0.2 g
胆固醇	176 mg
维生素 A	71 μgRAE
维生素 C	0.66 mg
钙	31 mg
钠	540.4 mg

二十八、齐园米线

齐园米线成品如图 5-3-28 所示。

图 5-3-28 齐园米线

（一）原料

米线 3000 g，金针菇 500 g，卷心菜 500 g，地耳 300 g，玉米粒 200 g，鹌鹑蛋 300 g，西兰花 500 g，酱汁 2000 g，高汤适量。

（二）制作方法

（1）米线用开水浸泡 1.5 h 后捞出，泡入凉水备用。

（2）将卷心菜洗净切成丝；西兰花洗净，撕成小朵；地耳切成丝，分别焯水；玉米粒、金针菇焯水；鹌鹑蛋煮熟后剥皮备用。

（3）米线放到漏网勺内，放入开水锅中煮 2 min 捞出，倒入碗中，放入卷心菜丝、西兰花、地耳丝、玉米粒、金针菇、鹌鹑蛋，加入酱汁，浇上烧开的高汤即可。

（三）营养分析

每 100 g 齐园米线含热量 1126 kJ，营养分析如表 5-3-28 所示。

表 5-3-28 齐园米线的营养分析

营养成分	每 100 g 总量中含量
蛋白质	1.8 g
脂肪	1.3 g
糖类	62.6 g
膳食纤维	1.8 g
胆固醇	31 mg
维生素 A	21 μgRAE
维生素 C	4.72 mg
钙	16 mg
钠	226.3 mg

二十九、掉渣饼

掉渣饼成品如图 5-3-29 所示。

图 5-3-29 掉渣饼

（一）原料

面粉 5000 g，猪肌腹膘 2500 g，香辛料 700 g，水 2250 g，鲜酵母 60 g。

（二）制作方法

（1）面粉中加鲜酵母、水，和成面团，用压面机反复压至表面光滑，醒发备用。

（2）将猪肌腹膘绞成肉馅，加入香辛料，和成肉馅备用。

（3）将醒好的面团下剂子，每个 125 g，擀成正方形饼，面片抹上肉馅，放入烤盘，然后放入烤炉，280 ℃烤至成熟即可。

（三）营养分析

每 100 g 掉渣饼含热量 507 kJ，营养分析如表 5-3-29 所示。

表 5-3-29 掉渣饼的营养分析

营养成分	每 100 g 总量中含量
蛋白质	11.2 g
脂肪	31 g
糖类	45.9 g
膳食纤维	1.4 g
胆固醇	36 mg
维生素 A	10 μgRAE
维生素 C	0 mg
钙	22 mg
钠	8.6 mg

三十、广式腊肠炒河粉

广式腊肠炒河粉成品如图 5-3-30 所示。

图 5-3-30 广式腊肠炒河粉

（一）原料

河粉 2500 g，腊肠 450 g，卷心菜 1200 g，葱末 150 g，姜末 120 g，蒜末 60 g，水发木耳 300 g，胡萝卜 300 g，食用油 200 g，生抽 100 g，食盐 40 g，鸡精 20 g，香油 50 g。

（二）制作方法

（1）将腊肠切成薄片，卷心菜、胡萝卜、木耳洗净，切丝备用。

（2）锅中加入油，油温升至六成热时加入蒜末、姜末、葱末煸炒出香味，加入腊肠片、卷心菜丝、胡萝卜丝、木耳丝煸炒至熟，放入河粉翻炒均匀，加入食盐、生抽、鸡精翻炒均匀调味，淋上香油即可。

（三）营养分析

每 100 g 广式腊肠炒河粉含热量 1155 kJ，营养分析如表 5-3-30 所示。

表 5-3-30 广式腊肠炒河粉的营养分析

营养成分	每 100 g 总量中含量
蛋白质	2.6 g
脂肪	8.5 g
糖类	47.3 g
膳食纤维	1.3 g
胆固醇	9 mg
维生素 A	23 μgRAE
维生素 C	6.57 mg
钙	19 mg
钠	417.9 mg

第四节 糕点食品

一、桂花豆沙条头糕

桂花豆沙条头糕成品如图 5-4-1 所示。

（一）原料

糯米粉 3000 g，粳米粉 2000 g，白糖 500 g，桂花酱 250 g，香油 15 g，熟猪油 8 g，熟豆沙 1000 g，水 2500 g。

（二）制作方法

（1）将糯米粉、粳米粉拌匀，加入白糖、清水调和成糊状，倒入蒸笼内，用旺火蒸 30 min，蒸熟取出备用。

图 5-4-1 桂花豆沙条头糕

（2）将蒸熟的粉糕倒在刷香油的熟食板上，稍冷片刻，反复揉至光滑。

（3）将揉好的糕粉团按扁，成为厚约 0.5 cm、宽约 20 cm、长约 25 cm 的方块；把熟豆沙搓成直径约 1.5 cm 的长圆条，放在糕片中间卷起来，搓成直径 2.5 cm 的长条，用刀把长条两头切齐，再切成 6 cm 左右的长段，排在方盘内，刷上桂花酱即成。

（三）营养分析

每 100 g 桂花豆沙条头糕含热量 1402 kJ，营养分析如表 5-4-1 所示。

表 5-4-1 桂花豆沙条头糕的营养分析

营养成分	每 100 g 总量中含量
蛋白质	6.8 g
脂肪	1 g
糖类	74.9 g
膳食纤维	1 g
胆固醇	0 mg
维生素 A	0 μgRAE
维生素 C	0 mg
钙	19 mg
钠	4 mg

二、椰蓉软糯糍

椰蓉软糯糍成品如图 5-4-2 所示。

图 5-4-2 椰蓉软糯糍

（一）原料

糯米粉 4000 g，澄粉 1000 g，白糖 500 g，水 2250 g，莲蓉馅 3000 g，椰蓉 500 g。

（二）制作方法

（1）糯米粉、澄粉中加白糖、温水搅拌均匀，揉成糯米粉团，放入蒸笼，置于蒸锅上蒸 30 min，蒸熟后取出，晾凉备用。

（2）将蒸熟晾凉的糯米团搓成长条，下成每个 30 g 的剂子，捏成碗状，包入莲蓉馅，收口揉圆成生坯。

（3）将生坯滚沾上椰蓉即可。

（三）营养分析

每 100 g 椰蓉软糯糍含热量 1377 kJ，营养分析如表 5-4-2 所示。

表 5-4-2 椰蓉软糯糍的营养分析

营养成分	每 100 g 总量中含量
蛋白质	4.5 g
脂肪	4.9 g
糖类	66.7 g
膳食纤维	1.3 g
胆固醇	3 mg
维生素 A	2 μgRAE
维生素 C	0.43 mg
钙	18 mg
钠	17.9 mg

三、米蜂糕

米蜂糕成品如图 5-4-3 所示。

图 5-4-3 米蜂糕

（一）原料

粳米粉 4500 g，面粉 500 g，酒酿 300 g，白糖 300 g，核桃仁 300 g，葡萄干 200 g，猪油 100 g，水 2500 g。

（二）制作方法

（1）在面粉中加酒酿拌匀，和成面团，使其发酵备用。

（2）向粳米粉中加白糖、发酵好的面团和水，搅拌成面糊状，醒发备用。

（3）取一个碗涂上猪油，将 100 g 醒发好的面糊倒入碗中，二次醒发至面糊涨满碗，撒上核桃仁、葡萄干，倒扣在笼屉中，置于蒸笼炉上，蒸 30 min 即可。

（三）营养分析

每 100 g 米蜂糕含热量 1532 kJ，营养分析如表 5-4-3 所示。

表 5-4-3 米蜂糕的营养分析

营养成分	每 100 g 总量中含量
蛋白质	5.9 g
脂肪	3.7 g
糖类	77.3 g
膳食纤维	0.8 g
胆固醇	1 mg
维生素 A	1 μgRAE
维生素 C	0.16 mg
钙	12 mg
钠	5.2 mg

四、椰丝紫薯球

椰丝紫薯球成品如图 5-4-4 所示。

图 5-4-4 椰丝紫薯球

（一）原料

紫薯 3000 g，糯米粉 2500 g，玉米淀粉 500 g，植物油 500 g，豆沙 2500 g，椰蓉 500 g，蛋液 200 g，水适量。

（二）制作方法

（1）将紫薯洗净，上笼蒸熟，去皮搅拌成泥，晾凉备用。

（2）将糯米粉、玉米淀粉、紫薯泥、水、植物油拌匀，和成面团，揉匀后搓成长条，下成每个 20 g 的剂子，制成圆皮，包入 10 g 豆沙馅，收口、揉圆、沾蛋液，滚上椰蓉制成生坯。

（3）锅内加油，待油温升至六成热时放入生坯，炸至呈紫色即可。

（三）营养分析

每 100 g 椰丝紫薯球含热量 963 kJ，营养分析如表 5-4-4 所示。

表 5-4-4 椰丝紫薯球的营养分析

营养成分	每 100 g 总量中含量
蛋白质	3.7 g
脂肪	4 g
糖类	44.9 g
膳食纤维	1.4 g
胆固醇	8 mg
维生素 A	25 μgRAE
维生素 C	1.44 mg
钙	20 mg
钠	36.4 mg

五、紫薯蛋糕

紫薯蛋糕成品如图 5-4-5 所示。

图 5-4-5 紫薯蛋糕

（一）原料

紫薯泥 2500 g，面粉 2500 g，糖 1000 g，黄油 1000 g，食盐 20 g，小苏打 25 g，泡打粉 10 g，鸡蛋 600 g，鲜牛奶 1500 g。

（二）制作方法

（1）将糖、食盐和鸡蛋放入打蛋器内打发，加入紫薯泥、面粉、小苏打、泡打粉、鲜牛奶搅拌成糊状，然后加入融化好的黄油拌匀，即成蛋糕糊，备用。

（2）将蛋糕糊倒入蛋糕纸杯中，摆入烤盘，放入预热的烤箱内，200 ℃烘烤 20 min 即可。

（三）营养分析

每 100 g 紫薯蛋糕含热量 1218 kJ，营养分析如表 5-4-5 所示。

表 5-4-5 紫薯蛋糕的营养分析

营养成分	每 100 g 总量中含量
蛋白质	5.4 g
脂肪	11.5 g
糖类	41.6 g
膳食纤维	0.9 g
胆固醇	61 mg
维生素 A	31 μgRAE
维生素 C	1.15 mg
钙	34 mg
钠	193.5 mg

六、千层麻花

千层麻花成品如图 5-4-6 所示。

图 5-4-6　千层麻花

（一）原料

中筋面粉 5000 g，白糖 50 g，酵母 40 g，食用油 300 g，鸡蛋 1000 g，水 2000 g。

（二）制作方法

（1）取面粉 4000 g，加入酵母、白糖、鸡蛋掺匀，然后加入温水和成面团，揉匀醒发至两倍大；剩余的面粉加食用油，和成油酥面团备用。

（2）将面团擀成薄片，抹上油酥，擀成长方形，叠三层；再擀成长方形，叠三层；再擀成长方形，叠四折；最后擀至 4 mm 厚，等分切开，取一条搓圆，用两手同时向相反方向搓上劲，两端合在一起稍上劲，再盘一道，把头插入小孔，制成生坯。

（3）锅内加油，烧至六成热时，将醒发 30 min 的生坯下入，炸至金黄色即可。

（三）营养分析

每 100 g 千层麻花含热量 1749 kJ，营养分析如表 5-4-6 所示。

表 5-4-6　千层麻花的营养分析

营养成分	每 100 g 总量中含量
蛋白质	11.9 g
脂肪	14 g
糖类	61 g
膳食纤维	1 g
胆固醇	8 mg
维生素 A	9 µgRAE
维生素 C	0 mg
钙	20 mg
钠	415.9 mg

七、黄油酥卷

黄油酥卷成品如图 5-4-7 所示。

图 5-4-7 黄油酥卷

（一）原料

低筋面粉 4500 g，中筋面粉 500 g，猪油 2500 g，黄油 750 g，白糖 200 g，芝麻 1000 g，水 2500 g。

（二）制作方法

（1）低筋面粉加猪油搓擦成干油酥面团；中筋面粉加黄油、白糖、温水和成水油酥面团，稍醒备用。

（2）将芝麻炒熟，压碎加入白糖，调匀成芝麻糖备用。

（3）将干油酥面团包入水油酥面团内，收口朝上，稍按扁，擀成长方形面片，叠三层，再擀成长方形，撒匀芝麻糖，由上至下卷成直径 3 cm 的筒状，用刀切成长 6 cm 的段，用湿布盖上。

（4）把生坯稍蘸水，滚上芝麻，剂口朝下，摆在烤盘内，放入烤箱，180 ℃烤 15 min，呈金黄色即成。

（三）营养分析

每 100 g 黄油酥卷含热量 2298 kJ，营养分析如表 5-4-7 所示。

表 5-4-7 黄油酥卷的营养分析

营养成分	每 100 g 总量中含量
蛋白质	11.3 g
脂肪	38.3 g
糖类	40 g
膳食纤维	3.7 g
胆固醇	48 mg
维生素 A	21 μgRAE
维生素 C	0 mg
钙	167 mg
钠	39.1 mg

八、棉花杯

棉花杯成品如图 5-4-8 所示。

图 5-4-8 棉花杯

（一）原料

低筋面粉 4000 g，粟粉 1000 g，酵母 60 g，白糖 2500 g，蛋清 500 g，鲜牛奶 2000 g，熟猪油 650 g，泡打粉 25 g，白醋 15 g，莲蓉馅 150 g，葡萄干 100 g。

（二）制作方法

（1）低筋面粉、粟粉、酵母拌匀，放入白糖、蛋清、猪油、鲜牛奶，搅拌成面糊状，再分次加入剩余的鲜牛奶和白醋，搅拌至黏稠。

（2）取纸杯，放入莲蓉馅，倒入拌好的面糊至八分满，撒上葡萄干，摆在蒸盘内。

（3）将蒸盘放入蒸箱，蒸 15 min 即可。

（三）营养分析

每 100 g 棉花杯含热量 1306 kJ，营养分析如表 5-4-8 所示。

表 5-4-8　棉花杯的营养分析

营养成分	每 100 g 总量中含量
蛋白质	6.6 g
脂肪	6.5 g
糖类	56.9 g
膳食纤维	0.8 g
胆固醇	8 mg
维生素 A	7 μgRAE
维生素 C	0.27 mg
钙	38 mg
钠	14.3 mg

九、芝麻杏元

芝麻杏元成品如图 5-4-9 所示。

图 5-4-9 芝麻杏元

（一）原料

鸡蛋 3000 g，绵白糖 1500 g，低筋面粉 2100 g，泡打粉（无铝）3 g，蛋糕油 90 g，植物油 150 g，白芝麻 300 g。

（二）制作方法

（1）将鸡蛋液、绵白糖搅至绵白糖溶化，再加入低筋面粉、泡打粉、蛋糕油搅打成蛋糕糊。

（2）烤盘内刷上油，撒上面粉，将蛋糕糊装入裱花袋，在烤盘内挤成直径 3 cm 的圆形，撒上白芝麻。

（3）烤盘放入烤箱，200 ℃烤 10 min 至表面微黄即可。

（三）营养分析

每 100 g 芝麻杏元含热量 1235 kJ，营养分析如表 5-4-9 所示。

表 5-4-9 芝麻杏元的营养分析

营养成分	每 100 g 总量中含量
蛋白质	11.1 g
脂肪	8.3 g
糖类	44 g
膳食纤维	1 g
胆固醇	249 mg
维生素 A	100 μgRAE
维生素 C	0 mg
钙	61 mg
钠	58.9 mg

十、奶酥椰蓉饼

奶酥椰蓉饼成品如图 5-4-10 所示。

图 5-4-10 奶酥椰蓉饼

（一）原料

低筋面粉 5000 g，黄油 3500 g，白糖 1500 g，蛋黄液 400 g，牛奶 1500 g，椰蓉 500 g，苹果酱 2000 g。

（二）制作方法

（1）将低筋面粉、白糖、黄油拌匀，加入牛奶搅至乳化，和成面团，揉匀醒发备用。

（2）将面团搓条、下剂子、擀成圆饼，一半做底，一半做盖，在盖上刷蛋黄液，再用模具划出纹路，放入烤盘，待炉温升至 220 ℃时，烤 10 min。

（3）将烤熟的底和盖两个圆饼中间加苹果酱黏合，再沾上椰蓉即可。

表 5-4-10 奶酥椰蓉饼的营养分析

营养成分	每 100 g 总量中含量
蛋白质	5.7 g
脂肪	21.8 g
糖类	48.9 g
膳食纤维	0.8 g
胆固醇	112 mg
维生素 A	17 μgRAE
维生素 C	0.54 mg
钙	30 mg
钠	18.8 mg

（三）营养分析

每 100 g 奶酥椰蓉饼含热量 1737 kJ，营养分析如表 5-4-10 所示。

十一、椰蓉面包

椰蓉面包成品如图 5-4-11 所示。

图 5-4-11 椰蓉面包

（一）原料

面粉 5000 g，鸡蛋 1200 g，绵白糖 1000 g，食盐 30 g，干酵母 60 g，黄油 500 g，水 2500 g，面包改良剂 20 g。

（二）制作方法

（1）将面粉、干酵母、食盐、绵白糖、面包改良剂放入搅面机内，加入鸡蛋、水慢速拌匀，中速搅打至面筋扩展，再加入黄油搅拌，至面团可拉出薄膜状，醒发备用。

（2）将发好的面团搓条，下成每个 80 g 的剂子；将椰蓉馅包入面团，面团包好后擀成薄饼卷起，对折然后切开，摆入烤盘，醒发 20 min。

（3）将醒发好的面团放醒发箱内进行二次醒发，发至两倍大后放入烤箱，200 ℃烤 12 min 即可。

（三）营养分析

每 100 g 椰蓉面包含热量 1386 kJ，营养分析如表 5-4-11 所示。

表 5-4-11 椰蓉面包的营养分析

营养成分	每 100 g 总量中含量
蛋白质	9.3 g
脂肪	7.3 g
糖类	57.1 g
膳食纤维	0.3 g
胆固醇	174 mg
维生素 A	64μgRAE
维生素 C	0 mg
钙	31 mg
钠	208.9 mg

十二、椰奶小方

椰奶小方成品如图 5-4-12 所示。

图 5-4-12 椰奶小方

（一）原料

牛奶 4800 g，椰浆 1600 g，黄油 720 g，淀粉 600 g，白糖 480 g，炼乳 600 g，椰蓉 800 g。

（二）制作方法

（1）将 120 g 牛奶倒入淀粉中稀释，搅拌至淀粉均匀无颗粒状，成淀粉液备用。

（2）将剩余的牛奶与椰浆、黄油一起倒入锅中，大火加热至沸腾，随后放入糖、炼乳，加热至溶化，成液体备用。

（3）将淀粉液倒入加热好的液体中继续加热，边加热边搅拌，至水分蒸发后关火，成糊备用。

（4）迅速将糊倒入模具中，常温下冷却，然后封上保鲜膜，放入冰箱冷藏 24 h。

（5）从冷藏冰箱中取出，切成 2 cm 见方的小块，滚沾上椰蓉即可。

（三）营养分析

每 100 g 椰奶小方含热量 766 kJ，营养分析如表 5-4-12 所示。

表 5-4-12 椰奶小方的营养分析

营养成分	每 100 g 总量中含量
蛋白质	2.5 g
脂肪	10.9 g
糖类	18.7 g
膳食纤维	0 g
胆固醇	33 mg
维生素 A	13 μgRAE
维生素 C	0.55 mg
钙	85 mg
钠	32.7 mg

十三、蛋挞

蛋挞成品如图 5-4-13 所示。

图 5-4-13 蛋挞

（一）原料

蛋挞皮 100 个，牛奶 1500 g，白砂糖 500 g，甜奶油 1250 g，淡奶油 1250 g，蛋黄 1000 g。

（二）制作方法

（1）锅中倒入牛奶、白砂糖，加热至白砂糖溶化，加入甜奶油、淡奶油，搅拌均匀成为液体，晾凉备用。

（2）将蛋黄打散，倒入加热好的液体中，搅拌均匀，过筛成蛋挞液备用。

（3）将蛋挞皮摆放在烤盘上，然后倒入蛋挞液，至八分满。

（4）将烤盘放入烤箱，200 ℃烤 30 min 即可。

（三）营养分析

每 100 g 蛋挞含热量 2122 kJ，营养分析如表 5-4-13 所示。

表 5-4-13 蛋挞的营养分析

营养成分	每 100 g 总量中含量
蛋白质	5.4 g
脂肪	45.6 g
糖类	18.7 g
膳食纤维	0.3 g
胆固醇	294 mg
维生素 A	174 μgRAE
维生素 C	0.21 mg
钙	50 mg
钠	102.1 mg

十四、提拉米苏

提拉米苏成品如图 5-4-14 所示。

图 5-4-14 提拉米苏

（一）原料

马斯卡邦奶酪 5000 g，蛋黄 1500 g，白砂糖 1000 g，吉利丁 200 g，咖啡力娇酒 500 g，淡奶油 5000 g，咖啡口味蛋糕胚 600 g，可可粉 1000 g。

（二）制作方法

（1）将吉利丁用凉开水浸泡，淡奶油打发至七成硬度。

（2）用开水将马斯卡邦奶酪隔水加热。

（3）将蛋黄、白砂糖放在盆中隔水加热搅拌，搅拌过程中随时测温，待温度升至 70 ℃以上即可，将搅拌好的蛋黄倒入隔水融化好的马斯卡邦奶酪中，并加入提前泡好的吉利丁，搅拌至融化。

（4）将搅好的奶酪糊降温冷却后，加入咖啡力娇酒搅拌均匀，再分次加入打好的淡奶油，搅拌至顺滑，制成奶酪糊备用。

（5）将奶酪糊装入裱花袋，挤入杯子至八分满，放入冰箱冷冻 2 h，取出后在表面撒可可粉即可。

（三）营养分析

每 100 g 提拉米苏含热量 2177 kJ，营养分析如表 5-4-14 所示。

表 5-4-14 提拉米苏的营养分析

营养成分	每 100 g 总量中含量
蛋白质	12.8 g
脂肪	45 g
糖类	16 g
膳食纤维	1 g
胆固醇	231 mg
维生素 A	204 μgRAE
维生素 C	0 mg
钙	302 mg
钠	303.4 mg

十五、毛毛虫面包

毛毛虫面包成品如图 5-4-15 所示。

图 5-4-15 毛毛虫面包

（一）原料

面包粉 5000 g，干酵母 60 g，面包改良剂 25 g，鸡蛋 500 g，水 2500 g，绵白糖 1000 g，黄油 500 g，食盐 30 g，卡仕达酱 1000 g。

（二）制作方法

（1）将面包粉、干酵母、食盐、绵白糖、面包改良剂放入搅拌机内慢速拌匀，加入鸡蛋、水搅拌均匀，调至中速搅打至面筋扩展，再慢速加入黄油，搅拌至面团可拉出薄膜状，醒发备用。

（2）将面团分割成每个 100 g 的剂子，整形后进行醒发，醒好的面团用卡仕达酱进行装饰。

（3）将装饰好的面团放醒发箱里二次醒发，发至两倍大后放入烤箱，200 ℃烤 12 min，取出放凉备用。

（4）放凉后的面包从中间切开，挤上卡仕达酱即可。

（三）营养分析

每 100 g 毛毛虫面包含热量 1616 kJ，营养分析如表 5-4-15 所示。

表 5-4-15 毛毛虫面包的营养分析

营养成分	每 100 g 总量中含量
蛋白质	10.3 g
脂肪	8.5 g
糖类	66.9 g
膳食纤维	0.5 g
胆固醇	62 mg
维生素 A	16 μgRAE
维生素 C	0 mg
钙	28 mg
钠	289.1 mg

十六、肉松卷

肉松卷成品如图 5-4-16 所示。

图 5-4-16 肉松卷

（一）原料

面包粉 5000 g，白糖 1000 g，鸡蛋 20 个（1200 g），食盐 30 g，黄油 500 g，黑芝麻 100 g，沙拉酱 500 g，肉松 500 g，火腿丁 200 g，酵母 60 g，水 2500 g，面包改良剂 25 g，香葱末 100 g。

（二）制作方法

（1）将面包粉、干酵母、食盐、白糖、面包改良剂放入搅拌机内慢速拌匀，加入鸡蛋、水搅拌均匀，调至中速搅打至面筋扩展，再慢速加入黄油，搅拌至面团可拉出薄膜状，醒发备用。

（2）将发好的面团分成 2500 g 的剂子，擀成长方形，放入烤盘中，盖上保鲜膜松弛 20 min。

（3）将松弛好的面包放醒发箱里二次醒发，至两倍大后撒上香葱末、黑芝麻，放入烤箱，200 ℃烤 12 min，取出放凉备用。

（4）将晾凉的面包均匀地涂抹上沙拉酱，撒上肉松，卷起切块，在两端涂抹沙拉酱，沾上肉松和火腿丁即可。

（三）营养分析

每 100 g 肉松卷含热量 1595 kJ，营养分析如表 5-4-16 所示。

表 5-4-16 肉松卷的营养分析

营养成分	每 100 g 总量中含量
蛋白质	9.8 g
脂肪	13.1 g
糖类	55.8 g
膳食纤维	0.5 g
胆固醇	109 mg
维生素 A	45 μgRAE
维生素 C	0.1 mg
钙	40 mg
钠	432.3 mg

十七、豆沙佛手面包

豆沙佛手面包成品如图 5-4-17 所示。

图 5-4-17 豆沙佛手面包

（一）原料

面包粉 5000 g，豆沙馅 2500 g，鸡蛋 1200 g，绵白糖 1000 g，食盐 30 g，酵母 60 g，黄油 500 g，水 2500 g，面包改良剂 25 g。

（二）制作方法

（1）将面包粉、酵母、食盐、绵白糖、面包改良剂放入搅拌机内慢速拌匀，加入鸡蛋、水搅拌均匀，调至中速搅打至面筋扩展，再慢速加入黄油，搅拌至面团可拉出薄膜状，醒发备用。

（2）将发好的面团分割成每个 80 g 的剂子，包入豆沙馅 40 g，擀长对折，切四刀后扭转做成手掌状，排入烤盘中，盖上保鲜膜松弛 20 min。

（3）将松弛好的面包放醒发箱里二次醒发，至两倍大后放入烤箱，200 ℃烤 12 min 即成。

（三）营养分析

每 100 g 豆沙佛手面包含热量 1386 kJ，营养分析如表 5-4-17 所示。

表 5-4-17 豆沙佛手面包的营养分析

营养成分	每 100 g 总量中含量
蛋白质	9 g
脂肪	6.6 g
糖类	59 g
膳食纤维	0.8 g
胆固醇	92 mg
维生素 A	31 μgRAE
维生素 C	0 mg
钙	28 mg
钠	214.2 mg

十八、杏园鲜奶麻薯

杏园鲜奶麻薯成品如图 5-4-18 所示。

图 5-4-18 杏园鲜奶麻薯

（一）原料

牛奶 5000 g，奥利奥饼干碎 500 g，红薯淀粉 375 g，白砂糖 250 g，黄油 300 g。

（二）制作方法

（1）锅中倒入牛奶、白砂糖、红薯淀粉搅拌均匀，小火搅拌至黏稠状，再加入黄油至融化，然后倒入模具中。

（2）将模具放入冰箱冷藏 2 h，取出切块，撒上奥利奥饼干碎即可。

（三）营养分析

每 100 g 杏园鲜奶麻薯含热量 532 kJ，营养分析如表 5-4-18 所示。

表 5-4-18 杏园鲜奶麻薯的营养分析

营养成分	每 100 g 总量中含量
蛋白质	2.9 g
脂肪	5.5 g
糖类	16.4 g
膳食纤维	0.1 g
胆固醇	12 mg
维生素 A	20 μgRAE
维生素 C	0.82 mg
钙	90 mg
钠	57.1 mg

十九、全麦面包

全麦面包成品如图 5-4-19 所示。

图 5-4-19 全麦面包

（一）原料

面包粉 4000 g，全麦粉 1000 g，鸡蛋 1200 g，绵白糖 1000 g，食盐 30 g，干酵母 60 g，黄油 500 g，水 2500 g，面包改良剂 25 g，白芝麻 100 g。

（二）制作方法

（1）将面包粉、干酵母、食盐、绵白糖、面包改良剂放入搅拌机内慢速拌匀，加入鸡蛋、水搅拌均匀，调至中速搅打至面筋扩展，再慢速加入黄油，搅拌至面团可拉出薄膜状，醒发备用。

（2）将面团下成每个 90 g 的剂子，滚圆，摆入烤盘中，盖上保鲜膜松弛 20 min。

（3）将醒发好的面团放入醒发箱里二次醒发，至两倍大后取出，放入烤箱，200 ℃烤 12 min 即可。

（三）营养分析

每 100 g 全麦面包含热量 1494 kJ，营养分析如表 5-4-19 所示。

表 5-4-19 全麦面包的营养分析

营养成分	每 100 g 总量中含量
蛋白质	10.3 g
脂肪	9 g
糖类	58.7 g
膳食纤维	1.7 g
胆固醇	119 mg
维生素 A	40 μgRAE
维生素 C	0 mg
钙	43 mg
钠	269.5 mg

二十、全麦吐司

全麦吐司成品如图 5-4-20 所示。

图 5-4-20 全麦吐司

（一）原料

面包粉 4000 g，全麦粉 1000 g，鸡蛋 1200 g，绵白糖 1000 g，食盐 30 g，干酵母 60 g，黄油 500 g，水 2500 g，面包改良剂 25 g。

（二）制作方法

（1）将面包粉、干酵母、食盐、绵白糖、面包改良剂放入搅拌机内慢速拌匀，加入鸡蛋、水搅拌均匀，调至中速搅打至面筋扩展，再慢速加入黄油，搅拌至面团可拉出薄膜状，醒发备用。

（2）将发好的面团下成每个 200 g 的剂子，滚圆，摆放至盘中，盖上保鲜膜松弛 20 min。

表 5-4-20 全麦吐司的营养分析

营养成分	每 100 g 总量中含量
蛋白质	10.2 g
脂肪	8.6 g
糖类	59.1 g
膳食纤维	1.6 g
胆固醇	121 mg
维生素 A	41 μgRAE
维生素 C	0 mg
钙	35 mg
钠	272.5 mg

（3）将松弛的面团擀薄卷起，装入吐司盒，放置于醒发箱中，进行二次醒发。发至两倍大后取出，放入烤箱 200 ℃烤 40 min，取出脱模晾凉即可。

（三）营养分析

每 100 g 全麦吐司含热量 1482 kJ，营养分析如表 5-4-20 所示。

二十一、墨西哥面包

墨西哥面包成品如图 5-4-21 所示。

（一）原料

面包粉 5000 g，低筋面粉 2000 g，鸡蛋 1200 g，绵白糖 7000 g，奶粉 750 g，食盐 30 g，干酵母 60 g，黄油 7500 g，水 2500 g，面包改良剂 25 g，墨西哥馅 1000 g。

（二）制作方法

（1）将面包粉、干酵母、食盐、绵白糖、面包改良剂放入搅拌机内慢速拌匀，加入鸡蛋、水搅拌均匀，调至中速搅打至面筋扩展，再慢速加入黄油，搅拌至面团可拉出薄膜状，醒发备用。

图 5-4-21 墨西哥面包

（2）将发好的面团下成每个 90 g 的剂子，包入墨西哥馅滚圆，摆放在烤盘中，盖上保鲜膜，松弛 20 min。

（3）将松弛好的面团放醒发箱里，进行二次醒发至两倍大后取出，表面挤上墨西哥酱，放入烤箱，200 ℃烤 12 min，取出晾凉即可。

（三）营养分析

每 100 g 墨西哥面包含热量 1871 kJ，营养分析如表 5-4-21 所示。

附一：墨西哥馅的原料与制作方法

（一）原料

黄油 5000 g，糖 4000 g，奶粉 750 g。

（二）制作方法

（1）将黄油和糖放入搅拌器中，搅拌至半发状态。

（2）加入奶粉，搅拌均匀即可。

附二：墨西哥酱的原料与制作方法

（一）原料

黄油 2000 g，绵白糖 2000 g，鸡蛋 2000 g，低筋面粉 2000 g。

（二）制作方法

（1）将黄油和绵白糖放入搅拌器中，搅拌至半发状态。

（2）加入鸡蛋搅拌均匀，然后加入低筋面粉搅拌均匀即可。

表 5-4-21 墨西哥面包的营养分析

营养成分	每 100 g 总量中含量
蛋白质	8.2 g
脂肪	20.6 g
糖类	57.2 g
膳食纤维	0.4 g
胆固醇	117 mg
维生素 A	29 μgRAE
维生素 C	0 mg
钙	38 mg
钠	180.9 mg

二十二、蔓越莓饼干

蔓越莓饼干成品如图 5-4-22 所示。

图 5-4-22 蔓越莓饼干

（一）原料

低筋面粉 5000 g，黄油 3400 g，蔓越莓干 1700 g，糖粉 1360 g，鸡蛋 1200 g。

（二）制作方法

（1）将黄油在室温下软化后，加入糖粉并搅拌均匀。

（2）将鸡蛋打散成鸡蛋液，分次倒入黄油中，搅拌均匀，加入切碎的蔓越莓干翻拌均匀，然后加入低筋面粉翻拌成团。

（3）将面团整理成饼干条，放入冰箱中冷冻 12 h。

（4）将冻好的饼干条取出，切成饼干块，摆入烤盘中，放入烤箱，180 ℃烤 15 min 即可。

（三）营养分析

每 100 g 蔓越莓饼干含热量 2013 kJ，营养分析如表 5-4-22 所示。

表 5-4-22 蔓越莓饼干的营养分析

营养成分	每 100 g 总量中含量
蛋白质	8.1 g
脂肪	27.6 g
糖类	50 g
膳食纤维	1.1 g
胆固醇	132 mg
维生素 A	22 μgRAE
维生素 C	0 mg
钙	29 mg
钠	25.9 mg

二十三、双皮奶

双皮奶成品如图 5-4-23 所示。

图 5-4-23 双皮奶

（一）原料

纯牛奶 5000 g，蛋清 2250 g，绵白糖 420 g，糖纳豆 225 g。

（二）制作方法

（1）将纯牛奶煮开后倒入碗中冷却，待表面结一层奶皮时，沿着小碗一角用筷子将牛奶倒入另一个容器中。

（2）将牛奶与蛋清混合拌匀，加入绵白糖，过筛后将牛奶从奶皮破口处再缓缓倒回碗中，然后上笼蒸 20 min，取出撒上糖纳豆即可。

（三）营养分析

每 100 g 双皮奶含热量 318 kJ，营养分析如表 5-4-23 所示。

表 5-4-23 双皮奶的营养分析

营养成分	每 100 g 总量中含量
蛋白质	4.7 g
脂肪	2.3 g
糖类	9.1 g
膳食纤维	0 g
胆固醇	11 mg
维生素 A	17 μgRAE
维生素 C	0.72 mg
钙	77 mg
钠	44.2 mg

二十四、软欧包

软欧包成品如图 5-4-24 所示。

图 5-4-24 软欧包

（一）原料

面包粉 2500 g，种面 2500 g，酵母 25 g，白糖 500 g，食盐 30 g，水 1500 g，黄油 100 g，蓝莓酱 1250 g。

（二）制作方法

（1）将种面、白糖、食盐和水放入搅面机，慢速搅拌，加入面包粉搅拌均匀，再加入黄油继续搅拌成型后将面团取出，下成每个 100 g 的剂子，进行松弛。

（2）将松弛后的面团揉圆，包入蓝莓酱 25 g，整成三角形，摆入烤盘，放入醒发箱进行二次醒发。

表 5-4-24 软欧包的营养分析

营养成分	每 100 g 总量中含量
蛋白质	9.2 g
脂肪	2.5 g
糖类	73.2 g
膳食纤维	0.5 g
胆固醇	4 mg
维生素 A	33 μgRAE
维生素 C	0.18 mg
钙	29 mg
钠	344.4 mg

（3）二次醒发好后，将烤盘放入烤箱，200 ℃烤 12 min 即可。

（三）营养分析

每 100 g 软欧包含热量 1473 kJ，营养分析如表 5-4-24 所示。

二十五、甜甜圈

甜甜圈成品如图 5-4-25 所示。

图 5-4-25 甜甜圈

（一）原料

面包粉 5000 g，酵母 60 g，鸡蛋 1200 g，绵白糖 1000 g，食盐 30 g，黄油 500 g，水 2500 g，面包改良剂 25 g，植物油 2500 g，巧克力酱 1500 g。

（二）制作方法

（1）将面包粉、酵母、食盐、绵白糖、面包改良剂放入搅拌机内慢速拌匀，加入鸡蛋、水搅拌均匀，调至中速搅打至面筋扩展，再慢速加入黄油，搅拌至面团可拉出薄膜状，醒发备用。

（2）将发好的面团下成每个 100 g 的剂子，用甜甜圈模具扣成圆形，摆入烤盘中，盖上保鲜膜松弛 20 min。

（3）将松弛好的面包放入醒发箱里二次醒发，发至两倍大后取出。

（4）锅内放油，待油温升至六成热时，放入醒好的甜甜圈生坯，炸至成熟。

（5）将炸好的甜甜圈控干油，沾上巧克力酱，即可。

（三）营养分析

每 100 g 甜甜圈含热量 1758 kJ，营养分析如表 5-4-25 所示。

表 5-4-25 甜甜圈的营养分析

营养成分	每 100 g 总量中含量
蛋白质	9.1 g
脂肪	17.9 g
糖类	55.8 g
膳食纤维	0.6 g
胆固醇	96 mg
维生素 A	33 μgRAE
维生素 C	0 mg
钙	41 mg
钠	235 mg

二十六、枣糕

枣糕成品如图 5-4-26 所示。

图 5-4-26 枣糕

（一）原料

低筋面粉 5000 g，白糖 1500 g，食盐 30 g，酸奶 1500 g，枣沙 2500 g，花生油 600 g，白芝麻 300 g，酵母 80 g，泡打粉 10 g，鸡蛋 2000 g。

（二）制作方法

（1）将鸡蛋、白糖、酸奶、食盐和枣沙放入打蛋机搅拌均匀，加入低筋面粉和泡打粉快速打发，然后加入花生油搅拌成蛋糕糊。

（2）烤盘内铺好油纸，倒入打好的蛋糕糊，撒上白芝麻，醒发至两倍大后放入烤箱，180 ℃烤 40 min 即可。

（三）营养分析

每 100 g 枣糕含热量 1306 kJ，营养分析如表 5-4-26 所示。

表 5-4-26 枣糕的营养分析

营养成分	每 100 g 总量中含量
蛋白质	9.4 g
脂肪	7.9 g
糖类	50.9 g
膳食纤维	2.2 g
胆固醇	88 mg
维生素 A	37 μgRAE
维生素 C	2.7 mg
钙	63 mg
钠	113.8 mg

二十七、老式面包

老式面包成品如图 5-4-27 所示。

图 5-4-27 老式面包

（一）原料

面包粉 5000 g，酵母 60 g，面包改良剂 25 g，鸡蛋 500 g，水 2000 g，白糖 1000 g，食盐 30 g，花生油 500 g。

（二）制作方法

（1）将面包粉、酵母、食盐、白糖、面包改良剂放入搅拌机内慢速拌匀，加入鸡蛋、水搅拌均匀，调至中速搅打至面筋扩展，再慢速加入黄油，搅拌至面团可拉出薄膜状，松弛备用。

（2）将松弛的面团揉圆、盘花、整形后，放在醒发箱内进行二次醒发。

（3）面团醒好后，放入烤箱，180 ℃烤 30 min 即可。

（三）营养分析

每 100 g 老式面包含热量 1624 kJ，营养分析如表 5-4-27 所示。

表 5-4-27 老式面包的营养分析

营养成分	每 100 g 总量中含量
蛋白质	10.1 g
脂肪	8.9 g
糖类	66.7 g
膳食纤维	0.6 g
胆固醇	41 mg
维生素 A	16 μgRAE
维生素 C	0 mg
钙	30 mg
钠	285.7 mg

二十八、泡芙

泡芙成品如图 5-4-28 所示。

图 5-4-28 泡芙

（一）原料

面粉 5000 g，黄油 2500 g，水 2500 g，食盐 10 g，鸡蛋 5000 g，淡奶油 1000 g。

（二）制作方法

（1）锅内放入黄油、水、食盐，加热至沸腾，加入面粉搅拌成面糊，晾凉备用。

（2）将晾凉的面糊放入搅拌机中，慢速搅入鸡蛋液，成面糊状。

（3）将面糊放入裱花袋，挤压成圆形，放入烤盘，210 ℃烤 35 min 制成泡芙壳，取出晾凉备用。

（4）将淡奶油放入打蛋器搅拌均匀，至呈膨松状。

（5）将打好的奶油放入裱花袋内，挤入用尖锥器钻好小孔的泡芙壳内即可。

（三）营养分析

每 100 g 泡芙含热量 1658 kJ，营养分析如表 5-4-28 所示。

表 5-4-28 泡芙的营养分析

营养成分	每 100 g 总量中含量
蛋白质	7.7 g
脂肪	32.9 g
糖类	17 g
膳食纤维	0.4 g
胆固醇	303 mg
维生素 A	141 μgRAE
维生素 C	0.23 mg
钙	55 mg
钠	123.1 mg

二十九、热狗面包

热狗面包成品如图 5-4-29 所示。

图 5-4-29 热狗面包

（一）原料

面包粉 5000 g，酵母 60 g，面包改良剂 25 g，鸡蛋 500 g，水 2500 g，白糖 1000 g，食盐 30 g，黄油 500 g，白芝麻 50 g，火腿肠 70 根，马苏里拉芝士 500 g。

（二）制作方法

（1）将面包粉、酵母、食盐、白糖、面包改良剂放入搅拌机内慢速拌匀，加入鸡蛋、水搅拌均匀，调至中速搅打至面筋扩展，再慢速加入黄油，搅拌至面团可拉出薄膜状，松弛备用。

（2）将松弛好的面团分割成每个 100 g 的剂子，擀薄，卷入火腿肠、马苏里拉芝士，整好形状后，放入烤盘，再放入醒发箱进行二次醒发。

（3）醒好的面包表面刷蛋液，撒上白芝麻，放入烤箱，200 ℃烤 12 min 即可。

（三）营养分析

每 100 g 热狗面包含热量 1432 kJ，营养分析如表 5-4-29 所示。

表 5-4-29 热狗面包的营养分析

营养成分	每 100 g 总量中含量
蛋白质	12.6 g
脂肪	12.1 g
糖类	45.6 g
膳食纤维	0.5 g
胆固醇	37 mg
维生素 A	35 μgRAE
维生素 C	0 mg
钙	74 mg
钠	534.6 mg

三十、山大五仁月饼

山大五仁月饼成品如图 5-4-30 所示。

（一）原料

面粉 18 kg，糖浆 12 kg，花生油 5.5 kg，五仁馅料适量。

（二）制作方法

（1）将糖浆、花生油搅拌均匀后，加入面粉和成月饼面坯，下成每个 125 g 或 45 g 的剂子备用。

（2）将五仁馅料分成每个 375 g 或 80 g 的料坯备用。

（3）将月饼面坯剂子擀皮，包入月饼馅料，收口，放入模具，压至成型。

图 5-4-30 山大五仁月饼

（4）将成型的月饼放入烤盘，再放入烤箱，200 ℃烤 10 min 定型，取出来刷上蛋液，再入烤箱烤 15 min 即可。

（三）营养分析

每 100 g 山大五仁月饼含热量 2139 kJ，营养分析如表 5-4-30 所示。

附：馅料的原料与制作方法

（一）原料

面粉 12.5 kg，黑芝麻 500 g，花生仁 5 kg，白芝麻 5 kg，南瓜子 2.5 kg，瓜子仁 2.5 kg，核桃仁 3 kg，腰果 500 g，松子 500 g，糖 1.5 kg，玫瑰酱 5 kg，橙皮丁 1.5 kg，花生油 6 kg，糖浆 10 kg，蛋液 2000 g。

表 5-4-30 山大五仁月饼的营养分析

营养成分	每 100 g 总量中含量
蛋白质	8.2 g
脂肪	28 g
糖类	56.5 g
膳食纤维	1.9 g
胆固醇	0 mg
维生素 A	0 μgRAE
维生素 C	0.01 mg
钙	62 mg
钠	172 mg

（二）制作方法

（1）将面粉、黑芝麻、花生仁、白芝麻，南瓜子、瓜子仁、核桃仁、腰果、松子分别烤熟备用。

（2）将烤熟的面粉、黑芝麻、花生仁、白芝麻，南瓜子、瓜子仁、核桃仁、腰果、松子与糖、玫瑰酱、橙皮丁、花生油、糖浆放在一起搅拌均匀，制成月饼馅心即可。

第六章

二十四节气美食

第一节 二十四节气概述

二十四节气是我国古代劳动人民修订的一套用来指导农事的补充历法，是中华民族长期经验的积累成果和智慧的结晶，是中华民族悠久历史文化的重要组成部分。它既是历代官府颁布的时间准绳，也是指导农业生产、百姓预知冷暖的指南，被誉为"中国的第五大发明"。

二十四节气在上古时代已订立，古人依据黄道面划分确定了二十四节气，反映了太阳对地球的影响。到汉代，二十四节气被吸收入《太初历》，正式作为指导农事的补充历法。

2016年11月30日，我国的"二十四节气"被正式列入联合国教科文组织人类非物质文化遗产代表作名录。二十四节气分别为立春、雨水、惊蛰、春分、清明、谷雨、立夏、小满、芒种、夏至、小暑、大暑、立秋、处暑、白露、秋分、寒露、霜降、立冬、小雪、大雪、冬至、小寒、大寒。

按照季节划分，二十四节气的相关时间如下。

一、春季

（1）立春：太阳位于黄经315度，每年的2月3~5日交节。

（2）雨水：太阳位于黄经330度，每年的2月18~20日交节。

（3）惊蛰：太阳位于黄经345度，每年的3月5~7日交节。

（4）春分：太阳位于黄经0度，每年的3月20~22日交节。

（5）清明：太阳位于黄经15度，每年的4月4~6日交节。

（6）谷雨：太阳位于黄经30度，每年的4月19~21日交节。

二、夏季

（1）立夏：太阳位于黄经 45 度，每年的 5 月 5~7 日交节。

（2）小满：太阳位于黄经 60 度，每年的 5 月 20~22 日交节。

（3）芒种：太阳位于黄经 75 度，每年的 6 月 5~7 日交节。

（4）夏至：太阳位于黄经 90 度，每年的 6 月 21~22 日交节。

（5）小暑：太阳位于黄经 105 度，每年的 7 月 6~8 日交节。

（6）大暑：太阳位于黄经 120 度，每年的 7 月 22~24 日交节。

三、秋季

（1）立秋：太阳位于黄经 135 度，每年的 8 月 7~9 日交节。

（2）处暑：太阳位于黄经 150 度，每年的 8 月 22~24 日交节。

（3）白露：太阳位于黄经 165 度，每年的 9 月 7~9 日交节。

（4）秋分：太阳位于黄经 180 度，每年的 9 月 22~24 日交节。

（5）寒露：太阳位于黄经 195 度，每年的 10 月 7~9 日交节。

（6）霜降：太阳位于黄经 210 度，每年的 10 月 23~24 日交节。

四、冬季

（1）立冬：太阳位于黄经 225 度，每年的 11 月 7~8 日交节。

（2）小雪：太阳位于黄经 240 度，每年的 11 月 22~23 日交节。

（3）大雪：太阳位于黄经 255 度，每年的 12 月 6~8 日交节。

（4）冬至：太阳位于黄经 270 度，每年的 12 月 21~23 日交节。

（5）小寒：太阳位于黄经 285 度，每年的 1 月 5~7 日交节。

（6）大寒：太阳位于黄经 300 度，每年的 1 月 20~21 日交节。

第二节 二十四节气的美食

饮食管理服务中心根据不同的节气，为师生提供了不同的美食，下面试举几例。

一、立春

立春是二十四节气中的第一个节气，也是春季的第一个节气，每年公历的 2 月 3~5 日交节（农历正月初一前后）。

自古以来，立春就是中国民间重要的传统节日之一。立春俗称"打春""咬春"，又叫"报春"，"立"是"开始"的意思，寓意着一个新的轮回已经开始。从立春交节当日一直到立夏前这段时间都被称为春天，正所谓"一年之计在于春"。

（一）立春饮食

自秦代以来，中国就一直以立春作为春季的开始。立春期间，气温上升，降雨增多。立春日民间有"打牛"和"咬春""咬萝卜"等习俗，一个"咬"字道出了这个节令的众多食俗。

在我国东北、华北等地，有立春吃春饼的习俗。吃春饼是中国民间立春的饮食风俗之一，有喜迎春季、祈盼丰收之意。春饼是用面粉烙制的薄饼，一般要卷菜而食。春饼成品如图 6-2-1 所示。

（二）春饼的制作方法

1. 原料

面粉 250 g，开水 120 g，冷水 60 g，植物油 100 g，配菜（根据个人喜好搭配，如炒肉丝、炒豆芽、葱丝、黄瓜丝等）。

图 6-2-1 春饼

2. 制作方法

（1）面粉中加入开水搅拌成絮状，分次加入冷水，和成面团，揉匀醒发备用。

（2）将醒好的面团搓成长条，分成约 15 g 的面剂，擀成直径约为 15 cm 的薄饼生坯备用。

（3）加热平底锅，放入擀好的生胚，烙至中间有气泡鼓起时，翻面烙至淡黄色备用。

（4）取一张烙好的薄饼，放上配菜，卷起即可。

二、雨水

雨水是二十四节气中的第二个节气，也是春季的第二个节气，每年公历的 2 月 18~20 日交节。民间历书上说，这一天"东风解冻，冰雪皆散而为水"。入春以后开始刮东南风，雨水增多，雨水过后人们大多开始植树。

（一）雨水饮食

雨水时节应多吃新鲜蔬菜、水果，少食油腻之品，饮食宜清淡，以补充人体所需的水分，如菠菜、韭菜等都是不错的蔬菜。还可多喝粥，如莲子粥、山药粥、红枣粥等。在我国北方，有雨水吃龙须饼的习俗，龙须饼形似龙须，香甜酥脆。龙须饼成品如图 6-2-2 所示。

图 6-2-2 龙须饼

（二）龙须饼的制作方法

1. 原料

面条 500 g，金糕 100 g，食盐 5 g，白糖 10 g，食用油 2000 g（约耗 150 g）。

2. 制作方法

（1）将金糕切成丝，面条撒上干面粉盘成饼。

（2）锅置火上加入油，烧至六成热时，放入盘好的饼炸至黄色，捞出，撒上白糖和金糕丝即可。

三、惊蛰

惊蛰古称"启蛰"，是二十四节气中的第三个节气，也是春季的第三个节气，每年公历的 3 月 5~7 日交节。动物入冬藏伏、不饮不食称为"蛰"，而"惊蛰"即上天以打雷惊醒蛰居的动物。农谚有"雨水早，春分迟，惊蛰育苗正适时"的说法，惊蛰象征着气温上升，天气变暖，我国大部分地区进入春耕季节。

（一）惊蛰饮食

驴打滚是我国东北地区、老北京和天津卫的传统小吃之一，成品黄、白、红三色分明。因其最后制作工序中需要撒上黄豆面，犹如郊外野驴撒欢打滚时扬起的阵阵黄土，因此得名"驴打滚"。驴打滚成品如图 6-2-3 所示。

（二）驴打滚的制作方法

1. 原料

糯米粉 250 g，水 150 g，红豆沙 150 g，黄豆面 200 g，食用油 30 g。

2. 制作方法

（1）黄豆面放入烤盘，放入烤箱，180 ℃烤 20 min，取出备用。

（2）糯米粉中加水和成软面团，放入刷油的蒸盘里，用手沾水铺平，放入蒸箱蒸 20 min，取出备用。

（3）案板上用黄豆面铺底，放上蒸好的糯米团，擀成长方形，抹上红豆沙卷起，卷紧，切成长约 5 cm 的块，再撒上黄豆面即可。

图 6-2-3 驴打滚

四、春分

春分是二十四节气中的第四个节气，也是春季的第四个节气，每年公历的 3 月 20~22 日交节。民间有"春分秋分，昼夜平分"的谚语。春分这一天，太阳光直射赤道，地球各地的昼夜时间相等，春季过半气候转暖，白昼渐长夜渐短，麦子生长迅速，有"麦过春分昼夜忙"之俗谚。

（一）春分饮食

在春分这一天，我国不同地区的饮食有很大不同。南方人都会吃馄饨，因为馄饨在南方是一种非常重要的传统食物，而且其形似古代的金元宝，所以吃馄饨有发财的寓意——只要吃上馄饨，就寓意着财运的到来，春耕的时候也能够顺顺利利，有一个好的收成。而在北京地区，依照旧时习俗，春分这天要祭拜太阳并吃太阳糕，以感谢太阳给人们带来的无限温暖。太阳糕是春分祭日的贡品，寓意"太阳高"。太阳糕成品如图 6-2-4 所示。

图 6-2-4 太阳糕

（二）太阳糕的制作方法

1. 原料

糯米粉 500 g，红豆沙 300 g，水 300 g。

2. 制作过程

（1）糯米粉中加水和成软面团，揉匀备用。

（2）糯米面团搓条，揪成每个 50 g 的剂子，擀成圆饼，摆入蒸笼，上笼蒸熟，取出晾凉备用。

（3）将圆饼抹上一层红豆沙，5个摞在一起，用食用色素在最上圆饼皮上画一个太阳即可。

五、清明

图 6-2-5 青团

清明是二十四节气中的第五个节气，也是春季的第五个节气，时间为冬至后第一百零七日、春分后第十五日，每年公历的4月4~6日交节。据《淮南子·天文训》记载，春分后十五日，北斗星柄指向乙位，则清明风至，清明节气由此得名。清明节有扫墓祭祖、踏青赏春、插柳植树等传统习俗，也有"清明前后，种瓜点豆"的民谚。

（一）清明饮食

清明的传统食物有青团、艾粄、鸡蛋、薄饼等。青团是江南地区的传统特色小吃，呈青色，用艾草汁拌进糯米粉里，再包裹豆沙馅或者莲蓉馅，不甜不腻，带有清淡却悠长的清香。青团成品如图 6-2-5 所示。

（二）青团的制作方法

1.原料

艾叶 100 g，糯米粉 300 g，澄面 90 g，猪油 30 g，豆沙 500 g，白糖 20 g，开水 150 g，温水 80 g，食盐 5 g。

2.制作方法

（1）澄面加开水，烫熟备用。

（2）将艾叶焯过水放入搅拌机，打成青汁，加入锅中煮沸，加入糯米粉、白糖拌匀，然后加入烫好的澄面揉成面团备用。

（3）将粉团揪成每个 30 g 的剂子，擀薄包入 20 g 豆沙，搓圆，放入蒸屉中刷油，蒸 15 min 即可。

六、谷雨

谷雨是二十四节气中的第六个节气，也是春季的第六个节气，每年公历的4月19~21日交节。谷雨是古代农耕文化对于节令的反映——谷雨时节降水明显增加，田中的秧苗初插、作物新种，最需要雨水滋润，正所谓"春雨贵如油"。

图 6-2-6 香椿炒鸡蛋

（一）谷雨饮食

谷雨时节，人们可食用的食材有香椿、韭菜、菠菜等。香椿是香椿树的幼芽，又叫香椿芽、香椿头。中医理论指出，香椿的营养及药用价值十分可观，具有理气、健胃、润肤等功效。香椿的吃法主要是用来炒鸡蛋。香椿炒鸡蛋成品如图 6-2-6 所示。

（二）香椿炒鸡蛋的制作方法

1. 原料

嫩香椿芽 150 g，鸡蛋 350 g，食盐 3 g，植物油 50 g。

2. 制作方法

（1）将香椿洗净，焯水后切成小段备用。

（2）碗里磕入 5 个鸡蛋，用筷子打散成鸡蛋液，加入切好的香椿、食盐搅拌均匀备用。

（3）锅里倒入油，烧至六成热时倒入搅匀的香椿鸡蛋液，炒至金黄即可。

七、立夏

立夏是二十四节气中的第七个节气，也是夏季的第一个节气，每年公历的 5 月 5~7 日交节。立夏后，日照增加，逐渐升温，雷雨增多，农作物进入苗壮成长阶段。

（一）立夏饮食

立夏这一天，不同的地方有不同的饮食习俗，如江南一带吃立夏蛋（即茶叶蛋）、立夏茶，江西一带吃立夏果，而北方地区吃扒糕、夏饼、立夏面等。

关于立夏蛋的由来，主要有两种说法：一种说法是古人认为鸡蛋看上去是比较溜圆的，所以有一种"生活圆满"的寓意在里面，在立夏的时候吃鸡蛋可以祈祷人们夏日平安健康；

图 6-2-7 立夏蛋

另一种说法是在立夏的时候，人体的能量消耗比较大，所以要补充营养物质，鸡蛋当中的营养成分非常丰富，所以特别适合在立夏时食用一些鸡蛋。立夏蛋成品如图6-2-7所示。

北方地区在立夏这天讲究吃面，因为立夏时节正是麦穗开始生长的时节，寓意庆祝小麦丰收。据说立夏吃面的习俗源于晋代，当时是为了寓意来年风调雨顺、五谷丰登。有句俗语是"入夏面，新上天"，寓意是立夏吃面可以强健体魄，为人们带来好运。而说起北方人爱吃的面条，首屈一指的当属炸酱面。炸酱面成品如图6-2-8所示。

（二）立夏蛋的制作方法

1. 原料

鸡蛋20个，茶叶25 g，食盐5 g，酱油10 g，花椒10 g，水适量。

2. 制作方法

（1）将鸡蛋放入冷水锅内，开锅煮熟，沥水备用。

（2）将茶叶、食盐、酱油、花椒和适量水烧开，把煮好的鸡蛋放入泡制。

（三）炸酱面的制作方法

1. 原料

鲜面条300 g，黄酱20 g，甜面酱30 g，去皮五花肉50 g，黄瓜丁15 g，土豆丁15 g，葱5 g，姜5 g。

2. 制作方法

（1）将五花肉、黄瓜、土豆洗净切成丁，葱、姜切碎末备用。

（2）锅内加水烧开，将土豆丁、黄瓜丁焯水捞出，沥水备用。

（3）锅内倒入油，烧至五成热时，放入肉丁煸炒至肉变色，放入葱末、姜末，加入黄酱和甜面酱炒熟翻匀，再放入黄瓜丁、土豆丁大火翻炒均匀，撒上葱末盛出备用。

图6-2-8 炸酱面

（4）锅内加水烧开，将面条煮熟，捞出、过凉、沥水，盛入碗中，浇上炸酱即可。

八、小满

小满是二十四节气中的第八个节气，也是夏季的第二个节气，每年公历的5月20~22日交节。小满有两层含义：第一，与气候降水有关，如民谚云"小满小满，江河渐满"，小满节气期间，南方的暴雨开始增多，降水频繁；第二，与小麦有关，在北方地区，小满节气期间降雨较少甚至无雨，这个"满"指的是小麦的饱满程度。

（一）小满饮食

小满节气饮食宜以清爽清淡的素食为主，可吃苦菜、麦糕饼、枸杞苗、蒲公英、莴笋等。适当吃点苦味的食物不仅有清火的作用，而且淡淡的苦味还能增进食欲。

苦菜是中国人最早食用的野菜之一，它苦中带涩、涩中带甜、新鲜爽口、清凉嫩香、营养丰富，含有人体所需的多种维生素和矿物质等，具有清热、凉血的功效。凉拌苦菜成品如图 6-2-9 所示。

（二）凉拌苦菜的制作方法

1. 原料

苦菜 300 g，味精 2 g，食盐 1 g，香油 5 g，醋 10 g，蒜泥 15 g。

2. 制作方法

（1）将苦菜洗净，用沸水焯 1 min，捞出、冲凉沥水，放入碗中备用。

图 6-2-9 凉拌苦菜

（2）将味精、食盐、香油、醋、蒜泥等搅拌成汁，浇在苦菜上拌匀即可。

九、芒种

芒种是二十四节气中的第九个节气，也是夏季的第三个节气，每年公历的 6 月 5~7 日交节。芒种时节气温显著升高、雨量充沛，空气湿度大，适合种植有芒的谷类作物。民谚有"芒种不种，再种无用"的说法，这个时节过后，作物的种植成活率会越来越低，因此芒种也是南方种稻与北方收麦之时。

（一）芒种饮食

芒种时节空气潮湿，天气湿热。这个节气人的消化功能相对较弱，要掌握好"低盐、多饮、清热、淡软"的原则，多吃些凉性蔬菜，如苦瓜、黄瓜、番茄、茄子、芹菜、生菜、芦笋等，有利于生津止渴，除烦解暑，清热泻火，排毒通便。清拌黄瓜成品如图 6-2-10 所示。

（二）清拌黄瓜的制作方法

1. 原料

黄瓜 300 g，大蒜 30 g，醋 15 g，白糖 10 g，芝麻酱 25 g，香油 5 g。

图 6-2-10 清拌黄瓜

2. 制作方法

（1）黄瓜洗净拍碎，放入碗中备用。

（2）大蒜加食盐捣成蒜泥，加醋、香油制成料汁。

（3）将料汁浇在黄瓜上，淋上芝麻酱，拌匀即可。

十、夏至

夏至是二十四节气中的第十个节气，也是夏季的第四个节气，每年公历的 6 月 21~22 日交节。夏至时节气温高、湿度大，不时出现雷阵雨，这也是这一时节的典型天气特点。

（一）夏至饮食

俗话说"冬至饺子夏至面"，夏至吃凉面是种风俗，从古至今皆如此。凉面成品如图 6-2-11 所示。

（二）凉面的制作方法

1. 原料

鲜面条 300 g，黄瓜 15 g，腌春芽 10 g，腌胡萝卜 10 g，大蒜 15 g，醋 10 g，芝麻酱 25 g。

2. 制作方法

图 6-2-11 凉面

（1）面条煮好后捞到凉水中。

（2）黄瓜洗净切丝，腌春芽、腌胡萝卜切碎。

（3）大蒜捣碎，加入醋制成浇汁，备好芝麻酱。

（4）面盛到碗中，分别加上黄瓜丝、春芽碎、胡萝卜碎、蒜醋浇汁，淋上芝麻酱，拌匀即可食。

十一、小暑

小暑是二十四节气的第十一个节气，也是夏季的第五个节气，每年公历的 7 月 6~8 日交节。"暑"是炎热的意思，小暑为小热，虽不是一年中最炎热的时节，但紧接着就是一年中最热的节气大暑。民间有"小暑大暑，上蒸下煮"之说。

小暑开始进入伏天，正所谓"热在三伏"。三伏天通常出现在小暑与处暑之间，是一年中气温最高且潮湿、闷热的时段。

（一）小暑饮食

在我国南方地区，民间有小暑"食新"的习俗，即在小暑过后尝新米，农民将新割的稻谷碾成米后，做好饭供祀五谷之神和祖先。此外，民间也有"小暑吃藕"的说法，认为莲藕是夏季良好的消暑清热食物。凉拌藕片成品如图 6-2-12 所示。

图 6-2-12 凉拌藕片

（二）凉拌藕片的制作方法

1. 原料

莲藕 300 g，姜 5 g，食醋 15 g，白糖 10 g，芝麻油 5 g。

2. 制作方法

（1）将莲藕洗刷干净后去皮，切片焯水、冲凉，沥水备用。

（2）姜洗净去皮切末备用。

（3）将姜、食醋、白糖、芝麻油放入碗中，调拌成汁。

（4）将藕片放入大碗中，倒入兑汁，搅拌均匀即可。

十二、大暑

大暑是二十四节气中的第十二个节气，也是夏季的最后一个节气，每年公历的 7 月 22~24 日交节。大暑比小暑更加炎热，是一年中最炎热的节气，有高温酷热、雷暴和台风频繁的气候特征。

（一）大暑饮食

山东南部地区在大暑到来这一天有"喝暑羊"（即喝羊汤）的习俗。羊汤成品如图 6-2-13 所示。

（二）羊汤的制作方法

1. 原料

带骨羊肉 5000 g，生姜 50 g，白芷 5 g，食盐 30 g，孜然粉 20 g，白胡椒粉 30 g，香菜 50 g，葱 100 g，水适量。

2. 制作方法

图 6-2-13 羊汤

（1）将香菜洗干净切碎，大葱洗净切葱花，姜洗净切成块备用。

（2）将泡出血水的带骨羊肉放入锅内，加入足量冷水，大火烧开，撇出血沫；放入切块的姜和白芷，转小火，熬制 2 h。

（3）将羊骨肉捞出，剔下羊骨上的肉，切片备用；再将羊骨放入锅内，大火烧开，小火炖煮 2 h 至羊汤汁发白色。

（4）取一个汤碗，碗底放上备好的羊肉片，加入食盐、孜然粉、白胡椒粉，浇上开锅的羊汤，撒上香菜、葱花即可。

（5）羊汤可搭配烧饼、油酥烧饼、吊炉烧饼、麻汁烧饼食用。

十三、立秋

立秋是二十四节气中的第十三个节气，也是秋季的第一个节气，每年公历的 8 月 7~9 日交节。立秋时节阳气渐收，阴气渐长，由阳盛逐渐转变为阴盛。按照"三伏"的推算方法，立秋这天往往还处在中伏期间，又有"秋后一伏"之说。

（一）立秋饮食

在山东地区，立秋有吃豆腐渣的习俗，这是一种由豆沫和青菜炒制而成的豆类食品。豆腐渣成品如图 6-2-14 所示。

（二）豆腐渣的制作方法

1. 原料

豆腐渣 300 g，葱 5 g，姜 5 g，蒜 5 g，辣椒 5 g，食盐 2 g，生抽 5 g，料酒 10 g，猪肉 50 g，青蒜 5 g，青椒 5 g，胡萝卜 5 g，小白菜 5 g，花生碎 10 g，鸡蛋 120 g。

2. 制作方法

（1）将葱、姜、蒜、辣椒、青蒜、青椒、胡萝卜、小白菜择洗干净切成末，肉洗净切成小丁备用。

图 6-2-14 豆腐渣

（2）将豆腐渣、青椒、胡萝卜、小白菜拌在一起，磕入 2 个鸡蛋，和匀备用。

（3）锅内加油烧至五成热，放入肉丁煸炒至肉色发白，放入葱、姜、蒜、辣椒煸炒出香味，然后放入拌好的豆腐渣，快速翻炒，加食盐、料酒、生抽翻炒入味，放入花生碎翻炒均匀即可。

十四、处暑

处暑是二十四节气中的第十四个节气，也是秋季的第二个节气，每年公历的 8 月 22~24 日交节。时至处暑，太阳直射点继续南移，太阳辐射减弱，副热带高压也向南撤退，气温逐渐下降，暑气渐消。

（一）处暑饮食

处暑节气时，白天依旧是比较炎热的，此时需要进补。鸭肉味甘、性凉，具有极佳的滋补性，适宜在处暑节气时食用。老一辈的人在处暑节气时都喜欢食鸭，俗话说"处暑送鸭，无病各家"。老鸭汤成品如图6-2-15所示。

（二）老鸭汤的制作方法

1.原料

老鸭1只，白萝卜350 g，油50 g，食盐10 g，酸笋20 g，酸豆角20 g，八角5 g，花椒10 g，姜15 g，葱15 g，料酒20 g。

2.制作方法

（1）鸭子清理干净后切块，酸笋切厚片，酸豆角切段，白萝卜去皮洗净切方块，葱洗净切成段，姜洗净切成块备用。

图6-2-15 老鸭汤

（2）冷水锅中放入鸭块、料酒，水开后撇去浮沫，捞出备用。

（3）锅中放油，将焯水后的鸭子煎至表面微焦。

（4）锅中加水烧开后，放入鸭子、酸豆角、酸笋、八角、姜、葱、花椒、水，大火烧开，加入白萝卜，转小火炖2 h即可。

十五、白露

白露是二十四节气中的第十五个节气，也是秋季的第三个节气，每年公历的9月7~9日交节。白露时节天气逐渐转凉，昼夜温差变大。白露节气，鸿雁与燕子等候鸟南飞避寒，动物开始贮存干果、粮食以备过冬。

（一）白露饮食

白露之后，自然界中的阳气由疏泄趋向收敛，空气变得干燥起来，容易出现秋燥的症状，如口干舌燥、咳嗽有痰、皮肤干裂等，适合吃的食物主要有梨、菱角等。菱角无论是直接煮着吃还是炒菜、红烧，都是不错的选择。菱角成品如图6-2-16所示。

（二）菱角的制作方法

1.原料

菱角500 g，姜片10 g，食盐3 g。

2.制作方法

（1）菱角放入清水中，加入适量的食盐，浸泡清洗干净备用。

（2）锅中放入菱角，加入清水（水要没过菱角），放入姜片，加入少量的食盐，大火烧开，小火煮 25 min 盛出即可。

图 6-2-16 菱角

十六、秋分

秋分是二十四节气中的第十六个节气，也是秋季的第四个节气，每年公历的 9 月 22~24 日交节。秋分之日后，太阳光直射位置南移，北半球昼短夜长，昼夜温差加大，气温逐日下降。秋分曾是我国传统的"祭月节"，中秋节便是由"秋夕祭月"演变而来。

（一）秋分饮食

在我国北方，有秋分吃芋头饼的习惯。芋头老幼皆宜，富含蛋白质、维生素、皂角苷等多种营养成分，而且淀粉含量达 70%，既可当粮食，又可作蔬菜。芋头饼成品如图 6-2-17 所示。

图 6-2-17 芋头饼

（二）芋头饼的制作方法

1.原料

芋头 500 g，鸡蛋 60 g，食盐 2 g，白糖 g，面包粒 50 g，松仁 10 g，白芝麻 10 g，葱油 20 g，油 500 g（实耗 100 g）。

2.制作方法

（1）芋头洗净，放入蒸笼中蒸熟，去皮搅烂，加入葱油、食盐、白糖拌匀，制成直径约 5 cm 的圆饼坯备用。

（2）鸡蛋磕入碗中打散，放入饼坯沾满蛋液，取出后滚沾上面包粒、白芝麻、碎松仁备用。

（3）油锅放油，烧至五成热时，放入做好的饼坯，炸至金黄色即可。

十七、寒露

寒露是二十四节气中的第十七个节气，也是秋季的第五个节气，每年公历的 10 月 7~9 日交节。进入寒露后，不时有冷空气南下，昼夜温差较大，秋燥明显。

从气候特点看，寒露时节南方秋意渐浓，气爽风凉，少雨干燥；北方广大地区已从深秋进入或即将进入冬季。由于天气渐冷，树木花草凋零在即，故古人谓此为"辞青"。

（一）寒露饮食

寒露时节，九九登高，还要吃花糕。花糕因"糕"与"高"谐音，故以"食糕"代替"登高"，寓意"步步高升"。花糕成品如图 6-2-18 所示。

（二）花糕的制作方法

1. 原料

图 6-2-18 花糕

面粉 500 g，面肥 50 g，红枣 30 g。

2. 制作方法

（1）面粉倒入盆里，放入面肥、温水，和成面团，揉匀醒发备用。

（2）红枣洗净，用冷水泡软。

（3）把面团放在案板上，搓成长条，下剂，用筷子夹成花瓣形状，每个花芯放入一个红枣，制成生坯摆在笼屉内备用。

（4）把笼屉放在蒸炉上，蒸 30 min 即可。

十八、霜降

霜降是二十四节气中的第十八个节气，也是秋季的最后一个节气，每年公历的 10 月 23~24 日交节。霜降节气意味着冬天的开始，此时天气渐冷，初霜出现。

图 6-2-19 炖牛肉

（一）霜降饮食

霜降时节，民间有谚语称"一年补透透，不如补霜降"，足见这个节气对人体的影响之大。各地在这一时节都有不同的饮食习惯，如吃柿子、吃鸭子、吃牛肉，祈求在冬天里身体暖和、强健。从营养学的角度看，牛肉的蛋白质含量高、味道鲜美，是人们喜爱的食品。炖牛肉成品如图 6-2-19 所示。

（二）炖牛肉的制作方法

1. 原料

牛肉 500 g，土豆 150 g，西红柿 150 g，姜 10 g，葱 10 g，生抽 20 g，料酒 20 g，食盐 2 g，食用油 50 g，八角 5 g，香叶 3 g。

2. 制作方法

（1）把牛肉、土豆、西红柿洗净切块，葱切段，姜切成小片备用。

（2）牛肉放入冷水锅中，大火烧开，撇去浮沫，捞出洗净，沥水备用。

（3）锅内放油，烧至五成热时，放入葱、姜炒出香味，再放入西红柿煸炒，然后放入焯水的牛肉翻炒均匀，加入食盐、生抽、料酒翻炒入味。

（4）再加入水（没过原料），放入八角、香叶，大火烧开，转小火炖煮 40 min，再放入土豆炖煮 20 min 即可。

十九、立冬

立冬是二十四节气中的第十九个节气，也是冬季的第一个节气，每年公历的 11 月 7~8 日交节。立冬是我国民间非常重视的季节节点之一，是享受丰收、休养生息的时节，通过冬季的休养，期待来年生活兴旺如意。

（一）立冬饮食

立冬吃饺子是来源于"交子之时"的说法。立冬是秋冬季节之交，故"交子之时"的饺子不能不吃。立冬之日，饺子除了用水煮外，还可以蒸、煎、炸，吃法多种多样，馅料也是多种多样，有猪肉白菜馅、韭菜鸡蛋馅、羊肉馅等。

俗话说"北吃饺子南吃葱，铜锅羊肉好过冬"，羊肉温热暖胃，脂肪和胆固醇含量较低，富含蛋白质，属于优质肉类，所以羊肉是立冬进补的好选择。炖羊排成品如图 6-2-20 所示。

图 6-2-20 炖羊排

（二）炖羊排的制作方法

1. 原料

羊排 1000 g，白萝卜 500 g，姜 50 g，料酒 50 g，白胡椒 20 g，食盐 3 g，花椒 10 g。

2.制作方法

（1）将羊排剁成 6 cm 的小段，清洗干净；姜洗净切成片，白萝卜洗净切成块备用。

（2）锅中加入水，放入剁好的羊排，大火烧开，撇去浮沫，捞出、洗净、沥水备用。

（3）锅中加油，烧至五成热时，放入姜、花椒炒出香味，放入焯水的羊排、料酒、水，大火烧开，转小火炖 1 h，再放入白萝卜、食盐、胡椒粉炖 30 min 即可。

二十、小雪

小雪是二十四节气中的第二十个节气，也是冬季的第二个节气，每年公历的 11 月 22~23 日交节。小雪节气的到来意味着天气会越来越冷，寒流活跃，降水量渐增。

（一）小雪饮食

俗语云"小雪腌菜，大雪腌肉"，在北方，小雪时节会腌雪里蕻、渍酸菜；南方则有吃糍粑的习俗。糍粑是用糯米

图 6-2-21 糍粑

蒸熟捣烂后制成的一种食品，是我国南方一些地区流行的美食。糍粑成品如图 6-2-21 所示。

（二）糍粑的制作方法

1.原料

糯米 500 g，水适量。

2.制作方法

（1）将糯米淘洗干净备用。

（2）锅里加入水，加入糯米，大火烧开，煮 5 min，将糯米捞出、沥水，放入蒸笼蒸 30 min 至糯米熟透。

（3）把蒸熟的糯米倒入容器中，用木锤捶打捣碎，直到糯米全部黏成一团，然后取出，揉成拳头大小的糍粑团，压扁成饼即可。

二十一、大雪

大雪是二十四节气中的第二十一个节气，也是冬季的第三个节气，每年公历的 12 月 6~8 日交节。大雪的意思是天气更冷，降雪的可能性比小雪时更大了。

（一）大雪饮食

大雪时有"冬天进补，开春打虎"的说法，又有"三九补一冬，来年无病痛"的俗语。

大雪时节应多吃富含蛋白质、维生素和易于消化的食物，如红薯粥、小米粥、羊肉等。红薯粥成品如图 6-2-22 所示。

（二）红薯粥的制作方法

1.原料

大米 80 g，红薯 200 g，红枣 10 g。

2.制作方法

（1）大米洗净，泡入清水；红薯去皮，切小块，红枣对半切开备用。

（2）锅中加水，放入大米、红薯、红枣，大火烧开，转小火熬煮 30 min 即可。

图 6-2-22 红薯粥

二十二、冬至

冬至又称"冬节""贺冬"，是二十四节气中的第二十二个节气，也是冬季的第四个节气，每年公历的 12 月 21~23 日交节。

（一）冬至饮食

在我国，北方有冬至吃饺子的习俗，南方则是吃汤圆。汤圆成品如图 6-2-23 所示。

（二）汤圆的制作方法

1.原料

黑芝麻 100 g，黄油 25 g，白糖 18 g，水磨糯米粉 250 g，水 200 g。

2.制作方法

（1）黑芝麻加白糖打成粉，加入黄油、水拌匀成馅料，然后搓成每个 10 g 的圆球备用。

（2）糯米粉加入白糖、开水，搅拌成絮状，和成面团，揉匀醒面 20 min，然后分成每个 20 g 的面剂备用。

图 6-2-23 汤圆

（3）将面剂搓成圆球，压成饼，包入一个馅料，封口搓圆，成汤圆生坯，将生坯滚沾上一层糯米粉备用。

（4）锅内加水，大火烧开，下入汤圆，不停搅拌防止粘锅，煮至浮起即可。

二十三、小寒

小寒是二十四节气中的第二十三个节气，也是冬季的第五个节气，每年公历的 1 月 5~7 日交节。小寒时节正值"三九"前后，标志着开始进入一年中最寒冷的日子。

（一）小寒饮食

小寒节气饮食习俗有很多，如吃糯米饭、腊八粥、黄芽菜等，其中"腊八粥"是一种重要的民俗小吃。《燕京岁时记》中记载："腊八粥者，用黄米、白米、江米、小米、菱角米、栗子、红回豆、去皮枣泥等，合水煮熟，外用染红桃仁、杏仁、瓜子、花生、榛穰、松子及白糖、红糖、琐琐葡萄，以作点染。"小寒之中的腊八节吃过腊八粥之后，便年味渐浓。腊八粥成品如图 6-2-24 所示。

图 6-2-24 腊八粥

（二）腊八粥的制作方法

1. 原料

糯米 100 g，黑米 50 g，花生 50 g，红豆 50 g，红枣 20 g，陈皮 5 g。

2. 制作方法

（1）将糯米、黑米、红豆、花生、红枣、陈皮淘洗干净备用。

（2）锅中加水，放入洗好的大米、黑米、红豆、花生、红枣、陈皮煮 1 h 即可。

二十四、大寒

大寒是二十四节气中的第二十四个节气，也是最后一个节气，每年公历的 1 月 20~21 日交节。大寒是我国大部分地区一年中最寒冷的时期，风大、低温，地面积雪不化，呈现出冰天雪地、天寒地冻的严寒景象。过了大寒又立春，即将迎来新一年的节气轮回。

图 6-2-25 年糕

（一）大寒饮食

北方人会在大寒这天吃年糕，有"年高"之意，带着吉祥如意、年年平安、步步高升的好彩头。年糕是中华民族的传统食物，属于农历新年的应时食品。年糕有红、黄、白三色，象征金银；又称"年年糕"，与"年年高"谐音，寓意着小孩身高一年比一年高。年糕成品如图 6-2-25 所示。

（二）年糕的制作方法

1. 原料

大黄米面 500 g，水 200 g，油 50 g，红枣 300 g。

2. 制作方法

（1）将红枣洗净备用。

（2）大黄米面中加入沸水，和成面团备用。

（3）将面团分割成每个 80 g 的剂子，加红枣捏成窝头，放入蒸笼内，蒸 20 min，取出晾凉备用。

（4）将晾凉的窝头切片放入油锅中，煎至两面金黄即可。

从节气与饮食的角度看，我国南北方饮食习惯差异很大，正所谓"一方水土养一方人"，不同地区的风俗造就了不同的饮食习俗，形成了饮食美器与礼仪、食享与食用、视觉与味觉等多重文化内涵。

中华饮食文化博大精深、源远流长，其深层内涵可以概括成"精、美、情、礼"四个字，反映了饮食活动过程中的饮食品质、审美体验、情感活动、社会功能，所包含的独特文化意蕴也反映了饮食文化与中华优秀传统文化的密切联系。

附录 面点知识知多少

一、主食的作用

主食的主要营养物质是糖类，具有调节血糖、预防便秘、补充维生素和矿物质等作用。

（1）调节血糖：主食中的糖类在消化过程中转化为葡萄糖，可以维持人体的血糖水平。如果人体每天摄入的主食量小于 150 g，那么机体会处于饥饿状态，血糖降低，刺激身体内升高血糖的激素发挥作用，可引起饥饿性高血糖。

（2）预防便秘：大多数粗粮类主食中含有丰富的膳食纤维，如燕麦、糙米、全麦粉等。膳食纤维有利于增强肠道蠕动，预防便秘。

（3）补充维生素：主食种类很多且大多含有维生素 B，摄入主食可以帮助补充维生素。例如，每 100 g 糙米中维生素 B_1 含量为 0.11 mg，维生素 B_3 含量为 1.9 mg。

（4）补充矿物质：主食类食物中含有较丰富的钙、铁、锌、磷等矿物质，每日摄入足量主食可以帮助补充矿物质。例如，每 100 g 糙米含铁 1.2 mg，钙 11 mg，镁 119 mg 等，其中糙米的钙含量约为大米的 1.7 倍。

根据《中国居民膳食指南》的推荐，我国健康成人的主食类食物每天摄入量为 250~400 g。建议在主食的搭配上最好粗粮、细粮结合，如精米面可以搭配荞麦、燕麦、糙米等粗粮，这样既有利于肠道健康，又有利于多种营养物质的吸收。

二、对主食摄入有哪些误解

主食是人体必需的营养物质之一，但是人们对它存在诸多误解。

误解一：主食热量高，吃多容易发胖。实际上，1 g 脂肪含有 37.67 kJ 的热量，而 1 g 糖类和 1 g 蛋白质都只含有 16.74 kJ 的热量。主食是以糖类为主，所以说主食热量高是没有道理的。

误解二：多吃粗粮比细粮好。实际上，长期大量食用粗粮会影响人体对钙、铁等矿物质的吸收，降低人体的免疫力。同时，粗粮吃得太多还会影响消化，增加胃肠负担。吃主食最好要注意粗细搭配，健康成年人每天最好只吃 50~100 g 粗粮，占主食总量的 1/3 左右即可。

误解三：晚餐最好不吃主食。"晚餐不吃主食，只吃水果蔬菜"这种果蔬减肥法在当下的年轻人中很流行。实际上，如果人体糖类供应不足，就会动用组织蛋白质及脂肪来供能，而组织蛋白质的分解消耗会影响脏器功能；大量脂肪氧化还会生成酮体，导致酮血症甚至酮症酸中毒。

误解四：主食没营养。实际上，主食除了提供能量外，还含有相当丰富的膳食纤维。此外，人体需要的维生素 B 很多也来源于主食。

三、怎样吃主食最健康

主食不仅能让我们吃饱，同时也能补充我们体内所需的营养，长期不吃主食会给我们的身体造成很大危害，过多摄入主食也会给身体带来负担。摄入主食应注意以下几点：

（1）主食摄入应适量。大部分中国人的糖类摄入量都在标准范围内，所以没必要刻意减少主食的摄入。但是，无节制地摄入大量主食或者过度节食，都会对人体产生不良影响。

（2）摄入清淡主食。如今，主食的品种不断翻新，如油酥饼、油炸馒头、炒饭等。这些主食在制作时都加入了大量盐和油脂，吃得过多很容易导致油、食盐摄入过多。所以，花样主食虽然味美，但却有很多潜在的危害。

（3）对于需要控制体重的人来说，要控制主食摄入，限制纯糖和甜食摄入。我国居民膳食中，55%~60% 的热量来自糖类（包括淀粉），10%~15% 的热量来自蛋白质，30%以下的热量来自脂肪。主食最好粗粮、细粮、杂粮搭配，对于需要控制体重的人来说，要有计划、有步骤地减少主食的摄入量。如果原来食量较大，可逐渐减少食量，养成吃七八分饱的习惯。

四、碱和盐的作用

厨师常说"碱是骨头，盐是筋"。制作面食时，通常会加入少量的食用碱和食用盐，这样面食会更筋道、更咸香、更美味。那么，面食中加入食用碱和食用盐有什么作用呢？

（1）食用碱的化学成分是碳酸钠，也叫"苏打粉"，它溶于水。制作面食时，加入食用碱可以增加面团的延展性和嫩度，使面食变得柔软、光滑、清爽、耐嚼。

食用碱的用量需要非常小心，加入过多会使面团变黄。通常，食用碱的用量为面粉质量的 0.1%~0.3%，具体需要根据不同的情况和实践来确定。如果使用得当，可以增加面食的风味，而过量则会破坏面食的味道。

（2）食用盐的主要成分是氯化钠，它可以溶解在水中，是一种强电解质。氯化钠的作用包括：①具有强化和改善面筋的作用，能使面粉品质更有活力；②具有很强的渗透作用，可以使面粉迅速吸水，成熟更快；③具有一定的保湿能力，能使面团更饱满、更有弹性，增加面团的黏性和湿度，从而使面粉更软、更美味；④具有一定的杀菌能力，能防止面团迅速腐烂、发酸。

因此，食用碱能使面团更加柔韧和有弹性，所以说碱是面团的"骨头"；而食用盐主要增加面团的延展性，所以说盐是面团的"筋"。

五、酵母的作用

酵母是制作发面面食最常用的材料，是制作发面食品的必备品。酵母在面粉里有以下作用：

（1）酵母在面团中发酵产生大量二氧化碳气体，在蒸煮过程中，二氧化碳受热膨胀，于是面食就变得松软好吃了。

（2）酵母发酵不仅让面食味道好，还提高了面食的营养价值。

（3）发酵后，面粉里一些影响钙、镁、铁等元素吸收的植酸可被分解，从而提高了人体对这些矿物质的吸收。

（4）酵母在面团发酵中产生大量二氧化碳，由于面筋网络组织的形成，这些二氧化碳被留在网状组织内，使烘烤的食品组织疏松多孔、体积增大。

（5）酵母还有增加面筋扩展能力的作用，使发酵时产生的二氧化碳能保留在面团内，提高面团的持气能力。

（6）面团在发酵过程中会经历一系列复杂的生物化学反应，产生面包制品特有的发酵香味，同时也形成了面包制品特有的烘烤香味。

六、泡打粉的作用

泡打粉是一种能够让面团快速发酵的化学膨松剂，有含铝泡打粉和无铝泡打粉之分。为了人体健康，建议使用无铝泡打粉。

泡打粉是做面食的必备材料，使用泡打粉的面食吃起来口感松软，表皮光滑白亮，体积明显更大。此外，泡打粉是炸油条的必需品，加入泡打粉的油条外酥里软、表皮酥脆，成品颜色美观。

七、小苏打的作用

小苏打又名"碳酸氢钠"，在面粉里起酸度调节剂和化学膨松剂的作用。小苏打用在制作面食上属于蓬松剂，主要用于中和较大面团发酵过大所产生的酸味。

八、吉士粉的作用

吉士粉属于一种香料粉，主要用于制作西点，现在也用于制作菜肴。制作面食中也会用到吉士粉，但很少使用。吉士粉有以下作用：

（1）能使制品产生浓郁的奶香味和果香味。

（2）在糊浆中加入吉士粉可以产生鲜黄色。

（3）在膨松类的糊浆中加入吉士粉，经油炸后制品松脆而不软瘪，形态美观。

（4）在一些菜肴勾芡时加入吉士粉能产生黏滑性，具有良好的勾芡效果，且勾芡汁透明度好。

九、煮饺子的方法

煮饺子时，要记住"先煮皮，后煮馅"和"盖锅盖煮馅，敞锅盖煮皮"两句话。意思是说，若是敞开锅盖煮，蒸气会很快散失，水温只能保持在100 ℃左右，饺子随沸水不停地搅动，均匀地传递热量，能先将饺子皮煮熟；等饺子皮煮熟了，再盖锅盖煮饺子馅，蒸气和沸水能很快将热量传递给饺子馅，用不了多久饺子馅也就煮熟了。

（一）煮新鲜饺子

煮新鲜饺子时，需要开水下锅，然后点水三开（点三次凉水），待饺子煮到全部浮在水面上时起锅。用开水来煮，饺子不容易粘连，也不容易破；一定不要用冷水来煮。点水的目的是让饺子皮和饺子馅能一起熟，保证饺子馅熟透，也让饺子皮筋道有韧性、有嚼劲，口感最好。

（二）煮速冻饺子

煮速冻饺子时，需待锅中的水开始出现白色的小气泡时，往水里加入少量食盐（加食盐是为了能加快饺子解冻），再把饺子下锅，点水三开（点三次凉水），等饺子煮到全部浮在水面上时起锅。

在煮速冻饺子的时候，要中火慢煮，拿锅铲的背面不停地推动饺子，让饺子慢慢移动，使所有的饺子受热均匀，不糊粘在一块。速冻饺子下锅时不要冷水下锅，因为冷水下锅的话，饺子在锅中长时间漂浮不起来，容易破皮，粘连在锅底；也不可开水下锅，因为开水下锅的话，饺子就会"涨肚子"，饺子皮很容易就会裂开。三次点水是关键，即三次煮开加三次凉水，这样煮出来的饺子熟得更加均匀。

十、为什么在煮饺子时要加三次水？

"点水"手法流传已久，是祖辈流传下来的煮饺子的传统经验。煮饺子点三遍水的原因有以下方面：

（1）第一次加凉水起降温作用，同时防止饺子因为水的沸腾而翻溢出来。

（2）第二次加凉水可提高饺子汤的清爽程度，并且防止饺子与饺子之间发生粘连。

（3）第三次加凉水可以使饺子皮因为热胀冷缩而变得更加筋道，提高饺子的口感。

十一、"五谷"是指什么?

五谷在我国古代有多种不同的说法,最主要的有两种:一种是指稻、黍、稷、麦、菽,另一种是指麻、黍、稷、麦、菽。两者的区别是:前者有稻无麻,后者有麻无稻。古代中国经济文化中心在黄河流域,稻的主要产地在南方,而北方种稻有限,所以"五谷"中最初无稻。

十二、为什么说"原汤化原食"?

在我国的饮食传统中,有一种被称为"原汤化原食"的说法,是指吃完捞面、水饺后喝点原汤。"原食"指的是淀粉类食物,而"原汤"就是指煮这些食物的水,比如煮饺子、煮面条的汤等。

吃完面条、饺子等淀粉类食物之后,喝一点原汤,人体吸收的营养会更丰富。因为在煮的过程中会有一定量的淀粉、脂肪、维生素、矿物质等营养成分流失到汤中,特别是一些维生素 B 等水溶性维生素流失是比较严重的,所以汤也是有营养的,适量饮用能在一定程度上弥补流失的营养成分。

十三、为什么制作糖包馅要加面粉?

因为糖受热会变成液体,所以在做糖包馅的时候,馅料里要放面粉,防止吃糖包馅的时候流糖烫伤口腔。白糖或者红糖里面加入适量面粉(比例为 10 : 3)做成的馅料甜度适中,不流糖。红糖做馅料更好,其口感更香甜。

十四、为什么说"起脚饺子落脚面"?

我国北方有"起脚饺子落脚面"(即送行时吃饺子,迎客时吃面)的说法,其含义是:送行时吃饺子,饺子从外形看像圆滚滚的大元宝,象征吉祥如意,而"饺"与"交"谐音,寓意常交好运;迎客时吃面,面条又细又长,取其"长长久久"的寓意,而且面条入嘴爽滑,又有"顺顺利利"的寓意。

十五、炸油条为什么不建议使用碱矾盐配方?

油条是一种古老的中式面食。传统的油条使用碱矾盐配方和面,来提升其膨松性,使口感更佳,但国家规定,炸油条不能使用明矾,因为明矾的主要成分是十二水合硫酸铝钾,被人食用后,铝离子将沉积在人的大脑皮层上,使人出现脑萎缩、智力下降等症状。此外,铝不是人体需要的微量元素,过量摄入会影响人体对铁、钙等的吸收,导致贫血和骨质疏松。

十六、油条为什么要两根一起入锅炸？

油条下锅时，油条中发生的化学反应会产生气体，让油条膨胀。一根油条下锅，会因为接触到高温而迅速定型，膨胀的幅度受限；两根油条一起下锅，中间接触的部分受到高温油炸的影响较小，在炸制过程中油条会持续膨胀，使油条更加膨松，更加酥脆可口。

炸油条的过程中需要用筷子拨拉，不停地翻动油条，以便使油条容易涨发，均匀受热。在两个面的基础上翻动可以使油条全部表面积都能均匀接触到油面，而且油条从接触点向外涨发形成两边膨胀、中间凹下的船形，这种形状具有稳定性。

后　记

在饮食管理服务中心各餐饮部的大力支持下，经《山东大学食堂作业指导书·主食篇》编写组，特别是食品制作人员和拍摄人员的辛勤劳动，本书终于与广大读者见面了。

"民以食为天"，高校食堂是大学生一日三餐的主要就餐场所，与师生的学习、生活和健康有着紧密的联系，它的视觉美和味觉美直接影响着大学生的心情。为此，山东大学饮食管理服务中心严格按照"精心、精细、精准、精致"的服务要求，以"学校发展的要求和师生的需求，就是我们的追求"为工作目标，营造整洁、温馨、舒适的就餐环境，提供丰富、营养、安全的餐饮服务。

《山东大学食堂作业指导书·主食篇》一书从质量五要素"人、料、机、法、环"入手，从ISO9001质量管理的五个关键环节"作业有程序、安全有措施、质量有标准、过程有记录、考核有依据"出发，使员工有章可循，让食品制作制度化、规范化、标准化，制作出"色、型、味、美"符合大学生视觉和味觉要求、符合食品安全要求、符合营养与健康要求的高品质餐饮食品。

《山东大学食堂作业指导书·主食篇》一书是饮食管理服务中心自成立以来第一次将食堂主食产品精选编辑成册，凝聚了几代山大饮食人的智慧与汗水。为此，饮食管理服务中心的有关领导高度重视，自2020年9月筹划开始，多次召开协调工作会议，部署食品征集、撰写、制作和拍摄工作。成书过程工作繁杂、体量庞大，很多资料需要餐饮部人员在工作之余加班加点完成。为了顺利完成该项工作，各餐饮部积极配合，制作了195种精美食品；拍摄人员精心定格每一个诱人的瞬间；山大出版社相关负责人多次莅临现场，给予专业指导。

作为本书的主编，我把本书的编写工作当作一种责任，在各餐饮部和相关职能部门的鼎力相助下，克服各种困难，努力协调各工作组的工作；本书文稿作者周长征、营养分析作者王宁不辞辛苦，认真高效地完成了编写工作；审核人郝在安、王长军、路长福、孔晓夏、罗峰对文字进行了认真审核。在食品采集和拍摄的过程中，赵甲林、王书祥、常保、张化存、魏继云等厨师亲力亲为，为食品的收集给予了大力支持；摄影师唐愈新、侯睿、杨娜等同志付出了大量心血，收录了357张照片，留下了一个个美好的瞬间，谨在此一并表示诚挚的谢意！在本书付梓之际，还要衷心感谢后勤保障部党委书记、部长徐健对本书的编写给予的帮助和悉心指导。

一言一行见初心，一粥一饭总关情。相信这本书能成为山大饮食践行"师生在哪里，后勤保障工作就主动到哪里；教学科研工作在哪里，后勤保障服务就跟进到哪里"理念的实践成果；相信这本书能成为山大饮食遵循"树立质量意识，提升品质服务"质量方针，提升食品质量的坚实基础；更相信这本书能成为山大饮食打造暖心餐厅、放心餐厅、安心餐厅、舒心餐厅，擦亮"舌尖上的山大"这一品牌的有力保障。

由于我们水平所限，本书的疏漏和不足之处在所难免，希望广大专业人士和读者不吝批评指正。

赵　龙

2023 年 12 月